“珍藏中国”系列图书

贾文毓 孙轶◎主编

瀚海苍茫

中国的沙漠

黄 霖 编著

希望出版社

图书在版编目（CIP）数据

中国的沙漠: 瀚海苍茫/贾文毓主编. -- 太原：希望出版社，2014.10（2017.4 重印）
（珍藏中国系列）

ISBN 978-7-5379-6331-2

Ⅰ．①瀚… Ⅱ．①贾… Ⅲ．①沙漠中国－青年读物
②沙漠－中国－少年读物 Ⅳ．①P942.073－49

中国版本图书馆CIP数据核字（2014）第002963号

图片代理：👁 www.fotoe.com

中国的沙漠—瀚海苍茫

著　者	黄　霖
责任编辑	张　平
复　审	杨照河
终　审	刘志屏
图片编辑	封小莉
封面设计	高　煜
技术编辑	张俊玲
印制总监	刘一新　尹时春
出版发行	山西出版传媒集团·希望出版社
地　址	山西省太原市建设南路21号
经　销	新华书店
制　作	广州公元传播有限公司
印　刷	三河市兴国印务有限公司
规　格	720mm×1000mm　1/16　14印张
字　数	280千字
版　次	2015年2月第1版
印　次	2017年4月第3次印刷
书　号	ISBN 978-7-5379-6331-2
定　价	42.00元

⊣目 录⊦

一、从楼兰古国消失说起

二、一抹流沙的世界

三、中国沙漠知多少

从楼兰古国消失说起

我们的祖国山河壮美，华夏大地遍地奇观。

如果你有机会到新疆维吾尔自治区，你可知道，哪里对于探险者来说是最具吸引力的呢？

你恐怕猜不到，这，恰恰是一座"不存在的城市"。

这，就是楼兰遗址！

昔日的西域古国楼兰，文明繁盛，被称作"沙漠中的庞贝"。从古至今，一代代的人们对这座历史上的神秘古城产生了无限的遐想和好奇。我国古代流传下来的文字中，有许多都提到过楼兰——

诗仙李白就有一首《塞下曲》，吟唱道："五月天山雪，无花只有寒。笛中闻折柳，春色未曾看。晓战随金鼓，宵眠抱玉鞍。愿将腰下剑，直为斩楼兰。"还有朗朗上口的王昌龄的七绝《从军行》："青海长云暗雪山，孤城遥望玉门关。黄沙百战穿金甲，不破楼兰终不还。"

有关这本书的故事，就让我们从这里开始……

楼兰古国的发现

▲古代楼兰人用品

在黄沙中沉睡了1600多年的楼兰古国，是怎么被发现的呢？

1890年3月，著名的瑞典探险家斯文·赫定带领一支探险队到新疆探险，开始了一段在沙漠中艰难行进的旅程。他们沿塔里木河向东，到达孔雀河下游，想寻找行踪不定的罗布泊。探险队在经历了一系列难以想象的困难险阻后，却有了一个令人意外的发现——座古城出现在他们的眼前：有城墙，有街道，有房屋，甚至还有烽火台。

这座古城极大地吸引了斯文·赫定的兴趣。第二年，他再次抵达这座神秘城堡，发掘出大量文物。

你能想象，其中都有些什么吗？

这批文物包括古钱币、丝织品、粮食、陶器、36张写有汉字的纸片，20片竹简和几支毛笔。

后经专家学者们研究断定，这座古城，就是消失多时的古楼兰城。这个消息一出，整个世界都为之震惊。终于，长期遮掩着楼兰的神秘面纱被撩开了一角。

楼兰古城的再现，引得全世界各国探险家们争相前往探险觅宝。英籍匈牙利人斯坦因、美国人亨迁顿、日本人桔瑞超先后抵达这座"有高度文化的古城遗址"，掠走了一批重要文物，给我国造成了巨大的历史财产损失。中国方面，1979年1月，已故科学家彭加木曾从孔雀河北岸出发，徒步穿过荒漠到达楼兰遗址考察。1979年，我国新疆考古研究所组织了楼兰考古队，进行专门调查和考察。

经过多年的考古发现和科学研究，目前，我们已经可以用一系列的数字对楼兰古城给出一个精确的定位描述。

地理位置：东经89度55分22秒，北纬40度29分55秒。

占地面积：10.8多平方千米。

城东、城西残留的城墙，高约4米，宽约8米，是用黄土夯筑的；居民区的院墙，对于坚固的要求没有这么高，就将芦苇扎成束或者把柳条编织起来，再抹上黏土。居民房屋都是木头造的，用的是新疆常见的胡杨木，柱子、门、窗户，仍然清晰可辨。

在城中心有一座唯一的土建筑，墙厚1.1米，残高2米，坐北朝南。考古学家猜测，这样的特殊建筑，很可能是楼兰统治者的住所；而城东的土丘原是居民们拜佛的佛塔。

遗址的发掘和测量工作进展顺利，但是，考古学家对于他们所发现的文物，却并不都能给出合理的解释。在众多考古发现中，有一些令人饶有兴致、产生遐想的未解之谜。而其中最让人着迷的，就是孔雀河下游的大批古墓。其中最特殊的几座被称作"太阳墓"。你要是有机会见到这些墓穴，你就会知道，这可真是"墓如其名"。这些墓葬外表奇特而壮观：围绕墓穴的是一层套一层的圆木，数一下，一共有七层。如果你观察得足够仔细，发现这些圆木有着由细到粗的规律。不仅如此，七个圈外还有呈放射状，向四面展开的圆木。

你现在明白了吧，从高空俯

知识链接 ⊙

斯文·赫定，1865年出生在瑞典，是世界著名探险家。他从16岁开始，从事职业探险生涯，终身不变，无怨无悔。因为探险，赫定终身未婚，他与姐姐相依为命，直到1952年走完他的人生之路。赫定的名字，在他的祖国，没有人不知道。人们对他的热爱和崇敬，可以与诺贝尔相比。1890年12月—1935年2月，他曾先后5次进入中国进行探险和考察。

瞰，"太阳墓"的整个外形根本就是一个大太阳！

但是，考古学家对于楼兰古人为什么要把墓建成这样，却无法给出一致的意见，留给我们很多遐想的空间。

如果说上文提到的"太阳墓"你还有点陌生，那么再说说"楼兰女尸"，你一定不陌生。是的，那一幅曾经见于各报头条的"楼兰女尸复原图"中的"楼兰美女"，就是出自太阳墓。

考古学家们在墓地中发现了一些完好无损的木乃伊，其中一具衣着高贵，黑色长发上戴着一顶装饰有红色带子的尖顶毡帽，双目微

▲身穿西藏服饰的瑞典探险家斯文·赫定（SvenHedin）和他的向导们

合，好像刚刚入睡一般。她就是"楼兰美女"，也被发现者称为"微笑公主"。当年的考古队成员曾描述这样一个插曲：考古队原来是下了决心要将"公主"带走的，但是在墓地的第一个晚上，大家居然做了相同的梦："公主"请求不要让她离开小河，因为下一次月圆之夜，她将在月光下复活。第二天醒来，全队都聚集在"楼兰公主"身边。队伍改变了主意，许诺不带走她，就在此时，队中每个人都惊奇地看到"公主"露齿一笑。

楼兰古国消失之谜

▲楼兰古城遗址

　　在今天被人们称作"千里无人烟，干燥无水源"的罗布泊地区，历史上曾经有一个自然条件优越、农业发达的文明古国，被历史学家们誉为"丝绸之路"上的一颗璀璨明珠——楼兰。

　　历史上的楼兰是我国汉代西域一个强悍的部族，楼兰古国的首都就是著名的楼兰古城。据有关资料记载，公元前108年，楼兰国臣服了强盛的汉朝，年年岁岁献上贡品，以后却又几次反悔，有时反叛有时降服，成为当时汉朝的心腹之患。

你可能难以想象，古时的楼兰是沙漠中的绿洲，树木参天，水草丰盛，居民以渔牧为生，是屯田的场所，是兵家必争的军事要塞，也是丝绸之路上的重镇，为东西方商贸往来和文化交流作出了重大贡献。

可是在330年以后，楼兰突然消失了。此后，描述此地的历史文献用的最多的一个词都是"荒凉"。

不能想象的不仅是你，一直以来，科学家们也在苦苦思索。

在黄沙中沉睡了1600多年以后，楼兰古城遗址突然被发现，对楼兰问题的研究从此引起中外社会各界的极大兴趣。人们最关心的是——

为什么繁华多时的楼兰城突然销声匿迹？

为什么曾经的绿洲变成沙漠和戈壁？

为什么这座城竟会被沙土深埋？

许多专家学者从不同角度对楼兰的消亡原因进行了解释。有代表性的

▲ 突然消失的楼兰古城

观点概括起来有四种，即分别将原因归于：战争、气候、河道变迁和人文活动。

"战争观点说"认为，楼兰是在经历了残酷的战争后被焚毁的。

"气候观点说"认为，第四纪以来塔里木盆地气候趋于干旱，气候的变化导致环境改变，日益严重的沙漠化使得河湖干涸、草木不生，曾经以渔牧为主、繁荣一时的古城不得不被遗弃。

"河道变迁说"认为，楼兰古城位于古孔雀河下游，当时，河流改道经常发生。对于逐水草而居的古人来说，没水的地方便不再适合生存，最后只好放弃自己的家园。

"人文活动说"认为，人类不合理的引水造成下游河流改道、枯竭，过度放牧造成了荒漠化，最后人类自食其果。

此外，还有研究者将楼兰的消亡放在罗布泊的整体环境来考察，认为罗布泊的干涸和楼兰古国消失有着某种联系。罗布泊曾经是我国西北干旱地区最大的湖泊，湖面达12 000平方千米，上个世纪初仍然保持着500平方千米的规模。当年，楼兰人在罗布泊边筑造了10多万平方米的楼兰古城，但是到1972年，这片水域最终干涸。

是什么原因，导致了曾经水丰鱼肥的罗布泊变成茫茫沙漠？

中科院罗布泊环境钻探科学考察队曾经对罗布泊进行了全面的系统的环境科学考察。考察队认为：据初步推断，随着青藏高原在距今7万年～8万年前的快速隆升，罗布泊由南向北迁移，伴随而来的，就是干旱化的逐步加剧，最后导致整个湖泊干涸。

然而，至今为止，这些解释中，没有一种能够找到充分的证据来说服所有人。所以，楼兰消亡的真正原因，仍然是个谜。

尽管对于楼兰古国的消失，学术界尚没有达成一致的认识，但是至少有一点是得到共识的：在自然和人为原因的共同促使下，干旱和沙化成为吞噬楼兰文明的"黑色杀手"。

历史的反思

　　V·G·卡特和T·戴尔在名著《土地和文明》中写到："人类踏着大步前进，在这走过的地方留下一片荒野。"

　　这种说法令人难堪，却是现实的。

　　今天，尼罗河流域、两河流域、印度河口、黄河流域等古代文明发祥地，有的已经变成了荒漠。在几经盛衰的北部伊拉克、叙利亚、黎巴嫩、巴

▲屹立在楼兰古城的枯树

勒斯坦、突尼斯、希腊、意大利、墨西哥、秘鲁等地，土壤流失所造成的荒漠景象，并不少见。

这些景象，这种对比，比任何语言都更有力地证明了——人类在文明的旗号下对于环境的掠夺达到何种激烈的程度！

沙漠里的一棵枯树，已经伫立在楼兰古国3800多年，也许它亲眼目睹了当年商贾穿行的繁荣景象；也许它亲身感受了几千年的沙暴肆虐。在你看来，它可能只不过是一段干枯了的树干，和楼兰古国的辉煌无法相提并论。但当我们深深注视，这棵独立的枯枝老树恰恰像一座丰碑，伫立在人文世界的尽头，从上到下充满宿命的色彩。也许再用不了多久，人们连这棵树的影子都看不到了！原因很简单：罗布泊里荒无人烟的定律不能容忍任何一道绿色的风景，哪怕是干枯了的，哪怕是风烛残年。

在这里，似乎只有消失才是唯一合理的结局。

从楼兰的命运里，我们读出的是残垣断壁、无声的哭诉，是遥远历史时空悲凉的呼号，更是以史为鉴的深深警醒！

在这里我们本不想以一种悲剧和宿命的论调来作为本书的开头，但是跨越历史的思路，对比现实的残酷，我们没有理由不沉淀思绪，为历史的沉重而扼腕叹息。痛定思痛，才能为后人要走的路指明方向。

有关沙漠世界的种种，有关沙漠与自然和人类的种种，有关我国著名的沙漠，有关沙漠化对我国的危害，有关沙漠化的防治……在这里，一幕幕为读者朋友们揭开。

其实，沙漠离我们的生活很远，却又离我们的生活很近。一定程度上，沙漠成为检验人类文明的试金石，成为衡量人类活动的活标杆。

在这一点上，每一个人都应当很清醒、很严肃。

二

一抹流沙的世界

　　让我们暂时从上一章沉重的话题中脱开身来，用一抹流沙的细腻抚平对古文明遗憾消失的怅惘。笔锋回转，从这里开始，我们真正走进沙漠的世界，去品味沙漠的别样。

　　本章将为读者朋友们介绍一些关于沙漠的基本常识，以便你对它有深入地了解；同时还会告诉大家沙漠和大自然之间的联系，以及沙漠和我们人文世界的关系。

　　当你凝视广袤无际的沙漠之时，请不要因它而眩晕。因为每一抹金黄都有它独特的美，精彩的沙漠世界正在为你上演……

沙漠综述

沙漠与荒漠有什么不同？

平时我们说起沙漠，大家都知道指的是什么。

可是，如果要你给沙漠下一个明确的定义，你能说出来吗？

沙漠，是指沙质荒漠，是干旱气候和丰富沙源条件的产物，以风沙活动为主要特征，以地表呈现起伏的流动沙丘的景观为标志，主要分布在干旱、半干旱和部分半湿润地区。

沙漠对于地球意味着什么呢？

地球总面积的29%是陆地，全世界的陆地面积为1.49亿平方千米，其中干旱、半干旱荒漠地的面积是4 800万平方千米，占到1/3，而且每年还在以5万~7万平方千米的速度扩大着。而沙漠面积占陆地总面积的10%，还有43%的

知识链接 ⊙

【知识链接】我国疆域广泛，陆地面积有960万平方千米，但在这960万平方千米之中，森林面积仅占16.55%。更为严重的是，其中天然森林不足总面积的10%。草原比森林丰富一些，虽占到陆地面积的41.7%，但是退化草原却几乎抢了一半的席位

天然植被的作用重大，别看它们曝光率不高，却能够保持水土及营养，调节水资源及地区气候，防止或减轻水灾、旱灾、虫害、暴风雨，避免沙漠化以及污染等自然或人为灾害的损害，保持生物多样性和可再生资源等等。在我国，天然植被一直默默地发挥着巨大的作用，艰难地维系着13亿人的生寸空间。可惜它们往往得不到重视，甚至一再遭到严重破坏。

天然植被的丧失，已经给我国带来了严重的损失。以往我们的环保思想只注重绿色覆盖率，却不注重这些绿色生态体系的质量。1998年的洪水灾害，2000年以来北方地区的沙尘暴，以及干旱、泥石流、生物多样性锐减、土壤流失等一系列现象，都时时刻刻在警示我们：必须尽快找寻到一种方法，改造好"绿色沙漠"，实现良好的植被覆盖。

土地也正面临沙漠化的威胁。

从上面的数据中，细心的你可能已经发现，沙漠只占到荒漠面积的约1/3。

也就是说，我们通常混为一谈的两个概念——沙漠和荒漠，实际上是两个含义相似、实质不同的概念。

那么，二者的差异具体在哪里呢？

在自然地理学中，凡是气候干旱、降水量稀少、蒸发量巨大、植被稀疏贫乏的地区都称之为荒漠，意为荒凉之地。根据地面组成物质的不同，荒漠可分为岩漠、砾漠、沙漠、泥漠和盐漠；还有在高纬度或高山地带，由于低温引起的生理性干旱而导致植物贫乏的地理面貌，被称作寒漠。前两者，也就是岩漠和砾漠，还有一个你更为熟悉的称呼——戈壁，蒙古语意为"难生草木的土地"。

如果我们根据形成原因的不同来分，荒漠还可以分为热荒漠与冷荒漠。从名字中，你也可以猜到一个大概。热荒漠呢，就是地处于热带地区的荒漠，主要由于太阳辐射强烈，蒸发剧烈，长期受到干燥的季风控制而形成荒漠。冷荒漠则是因为分布在较为寒冷的地带而得名，它的形成，主要是由于寒冷干燥的大陆性气候控制的地区降水量极少，长期受到干冷的季风控制。在冷荒漠的地面上，我们能看见的就是大大小小的石块。这是由于冷荒漠地区的气温变化剧烈，气温日夜差较大，岩石受到热胀冷缩的影响，再加上强烈的风化作用，发生了一系列物理变化，逐渐由大变小，再渐渐裂成碎块，比如我国西北地区的荒漠。

而沙漠就是沙质荒漠，是荒漠中面积最广的一种类型。沙漠地面覆盖大片流沙，广布各种沙丘。它既包括移动沙丘，

▲绿色沙漠

也包括固定、半固定的草原沙地。

现在你可以分清楚了吧，荒漠的概念其实涵盖了沙漠的概念，前者比后者的范围更为宽泛。

由于沙漠具有非常显著的地理特征，很多时候，我们往往用沙漠来指代一些特殊的现象。在这里，简单地为读者朋友们介绍几种常见的"此沙漠非彼沙漠"的借用之道：

首先是"绿色沙漠"。

你是不是被弄糊涂了，沙漠的基本特征就是绿色植物的缺乏，怎么还会有绿色沙漠？

没错，绿色沙漠就是指"植物形成的沙漠"。

有一些大面积的绿色树林，树木种类单一，年龄和高矮一致，且十分密集。这种树林形成的密集单一的树冠层完全遮挡了阳光，使下层植被无法生长。这种树林虽然有树，却缺乏中间的灌木层和地面的植被，我们就称其为"绿色沙漠"。

这里的"沙漠"主要有三层含义：一是指植物种类极为单一，无法为多种动物提供食物或适宜的栖息环境，因而动物种类十分稀少；二是指地表植被稀缺，因而保持水的能力很差，一般比较干燥，容易触发火灾；三是指生物多样性水平极低，因而生态十分脆弱，缺少天敌对虫害的控制，很易感染虫害，而且一旦发生虫害，多半是大面积损害。

大家有没有听过"白色沙漠"呢？

在一些矿产区，人类的大量开采，加上对尾矿和废弃物的不当处理，往往使得那些地区的土地上覆盖着浩浩荡荡、连绵起伏的"白色沙漠"。也就是说，"白色沙漠"是由采矿过后的尾砂堆积而成的。

▲文昌采矿造成的"白色沙漠"

比如说过去的"中国著名侨乡"，坐落在海南省东部的文昌市。这座城市曾以"国母宋庆龄故乡"之名扬名海内外，如今，因为"白色沙漠"的环境问题而登上报纸。文昌市是一个矿产资源大市，迄今已查明的矿产共18种，矿床14处，矿点17个，特别是锆钛砂矿和石英砂矿，储量巨大，矿区面积约93平方千米，矿业年产值在2亿元以上，是该市的优势产业。但是该市近年来不得不面对矿产资源开采混乱带来的恶果，处理那大面积令人头疼的"白色沙漠"。

最后不能不提"红色荒漠"。

它是指在我国南方红土地区的荒漠化现象。在这些地方，没有"黄土地"，你放眼望去，只有一片"红"。

红色荒漠形成的主要原因是人多

▲红色沙漠

地少，过度开发，滥砍滥伐森林植被。再加上土壤本身的特性，红壤区的土壤生产力低下，水土流失严重，并在不少地区严重退化，形成"红色荒漠"。例如我国江西省中南部山区属丘陵山区，就分布着大面积的"红色荒漠"。它的形成是水土流失的结果，水土流失的自然原因要归结到流水侵蚀作用，人为原因则主要是滥伐森林。

如果你是一名旅游爱好者，大自然的神秘与瑰丽想必是你最想探访的，沙漠的世界其实并不单调，充满着无数的惊奇。由于本书中主要是讲述中国沙漠，因此实在难以将世界上著名的沙漠一一介绍。不过没有关系，看看下面为你准备的几个有意思的去处，你是不是已经迫不及待地想去游览一番了呢？

沙漠世界是非常多姿多彩的。

在澳大利亚的辛普森沙漠，你能领略到一派"燃烧的沙漠"的风光。这里由于含铁物质的长期风化，使沙石裹上了一层氧化铁的外衣，于是，一望无垠的沙漠便成了一团火，在阳光照耀下，更是壮丽异常。

在美国新墨西哥州的路索罗盆地，有一片沙漠是"雪的汪洋"，会让你误以为自己正处在数九寒冬。此地不仅浩瀚沙海一片洁白，就连一些动物，诸如囊鼠、蜥蜴及多种昆虫，也都披上了白铠白甲。这是因为这里的石膏质海床经历1亿多年的变幻，使得石膏晶体普遍被风化剥蚀，于是有了"忽如一夜春风来，千树万树梨花开"的盛况。

土库曼斯坦的卡拉库姆沙漠由于黑色岩层沙化的结果，成了一片阴沉沉的黑色原野。还有，位于美国科罗拉多河大峡谷东岸的阿里桑那沙漠，由于蕴藏着火山熔岩的各种丰富矿物质，沙石的色彩呈现出粉红、金色、紫色、蓝色和白色，整个沙漠就像一个盛满宝石的巨盘。

干旱世界里走出来的沙漠

沙漠之所以是从干旱世界中走出来的，主要是因为沙漠的形成原因与干旱的自然环境密不可分，干燥少雨是沙漠形成必不可少的条件之一。从这个意义上讲，沙漠是干燥气候的产物。

那么，浩瀚无垠的沙漠中，那丰富的沙源又是从何而来？

一般说来，松散物质，比如说小石块，裸露于地表之后，经过风力长期的侵蚀、搬运与分选，就堆积形成沙子。这种风对地表形态的塑造过程就叫做风力作用，风可是个勤劳的家伙，风力作用的分布范围很广，在干旱区、半湿润区乃至湿润区都能见到它的"工作成果"。干旱区由于具有干燥多风、地表植被稀疏甚至完全裸露等自然特征，因而风力作用在那里很强，成为发育的主要外营力，形成了与流水、冰川及重力等其他外营力塑造的地形完全不同的景观。

沙漠地区大多是由连绵起伏的沙丘组成的，这些沙丘形态各异，并且在风力的作用下不断移动，使一些原本不是沙漠的地区逐渐呈现沙漠化趋势。

沙漠的发展除与气候和地表组成物质有关之外，在一定程度上还与人类的不合理开发利用自然环境活动有关，甚至在某些地区，人类活动是造成土地沙漠化的罪魁祸首。

在简单了解沙漠的形成原因之后，再来具体看看世界和中国主要沙漠形成的原因。需要说明的是，本书只是从概括意义上进行简单的介绍，并非具体到某一个沙漠的形成原因，因此读者在分析某一个沙漠的成因时可以大致以此为参考，同时也要具体问题具体分析。

下面会遇到不少地理学上的概念，需要你耐心地去阅读理解，你准备好了吗？

前文已经明确指出，沙漠是干燥气候环境下的产物，干燥少雨是沙漠形成的必要条件。如果从整个地球来看，干旱区的形成，主要与纬度、大气环流、海陆分布、地形地势、洋流等因素有关。

你仔细看过地球仪吗？你发现哪里集中了最多黄色？

是的，就是南北纬15°～35°之间。

世界上多数大沙漠，如北非的撒哈拉沙漠、西亚的阿拉伯沙漠、南美的阿塔卡马沙漠等都集中分布在这片区域，该区域是副热带高压带控制的范围，终年吹刮着信风。高压带内的空气具有下沉作用，空气下沉时形成绝热增温，使得地面相对湿度减小，空气非常干燥。信风是由副热带高压带吹向赤道低压带的稳定风向，它在吹向赤道的过程中不断增热。我们知道，空气越热，消耗的水量也就越大，所以，你可以猜到，信风是一种十分干燥的旱风。

这样，受到副热带高压控制和信风的双重影响，

▲中国气温标志

这些地区的大气很稳定，湿度低，少云而寡雨，成为地球上雨量稀少的干旱区，形成大面积沙漠也就不足为奇了。该区域也被称为"回归沙漠带"。

你把地球仪转到中国的版图上，来确认南北纬15°～35°之间的沙漠区域。

结果，地球仪清楚地显示：那里是一片绿色。

中国与世界上沙漠带同纬度的华南地区，不但没有沙漠，相反还温暖湿润，终年常青。无论是平原还是山区，到处是一片郁郁葱葱。

那中国的沙漠带又在哪里呢？

反观中国的沙漠分布，从纬度分布来看，相比世界上的沙漠带，要偏北15°～20°左右。也就是说，主要位于北纬35°～50°、东经75°～125°之间的温带地区。

这究竟是怎么一回事？

带着这个疑问，让我们一同回顾所掌握的地理知识，一步步去揭开最后的谜底吧。

大家都知道，中国位于世界上最大的大陆——亚欧大陆的东南部，东临世界上最大的海洋——太平洋。但是，你知道这种海陆分布地势造成的海陆之间的巨大的热力性质差异，对中国气候产生了什么影响吗？

冬季，大陆上的空气比海洋上的空气要冷，并收缩得比海洋上的空气厚重，空气压力大幅度增强。尤其是位于中、高纬度内陆腹地的俄罗斯西伯利亚和蒙古国地区，那里冬季太阳辐射的热量很弱，黑夜又漫长，热量损失很快很多，因此空气十分干燥寒冷，冷空气大量积存形成强大的高气压区。相反的，此时的中国南方海洋却是个低气压区。

高压区的空气不断流向低压区，形成了中国盛行的冬季风,也就是偏北风。到了夏季，情况就反过来了，大陆上的空气比海洋上的要热，并膨胀得比海洋上的空气稀薄；海洋上的空气压力大，形成高气压区，空气就从湿润的海洋吹向大陆，使中国盛行夏季风，也就是偏南风。这种大规模盛行风向随季节而变动、交替的风，叫做季风。

季风，正是解开中国沙漠特殊分布秘密的关键。

中国是东亚季风盛行的地区，降水的水汽主要是由西南太平洋、南海、孟加拉湾和印度洋上吹来的湿润的夏季风带来的。因此，处于亚热带的中国东南沿海和华南地区，降水丰沛，成为世界上同纬度雨量较多的湿润地区。

然而，位于温带的广大西北和内蒙古地区，深居内陆，距离海洋遥远，等夏季风长途跋涉到达那里，影响已经很小了。再加上这些地区的南部和东南边缘，有第三纪末和第四纪初的造山运动升起的天山、昆仑山、秦岭及大兴安岭等高大山系，特别是有巨大的青藏高原，夏季风根本就无法越过这些天然屏障，只能被阻挡在外。这样，在地形阻隔下，东南季风和西南季风无法将湿润的海洋气流吹进，水汽来源被隔绝，使得夏季的西北和内蒙古地区，水汽十分贫乏，降雨量稀少。冬季，由于西北和内蒙古地区的北方地形比较开阔，无高山屏障，来自蒙古——西伯利亚高压区的强大干冷气流又可以倾注直泻，造成异常干燥寒冷的气候。

▲沙丘

正是因为上面的原因，中国西北和内蒙古的广大地区，终年处于极端干燥的情况之下，形成了世界上最大的、具有典型大陆性气候的温带内陆干旱和半干旱区。在那里，气候干燥，降水稀少，流水作用很微弱；相反，风的活动十分活跃，特别是在干燥气候影响下形成的缺少植被覆盖的光裸地面，更加强了风的作用，使它成了塑造地貌的主要作用力。疏松裸露的沙质地表在风的作用下，发生强烈的风蚀，沙土被风吹搬运；在风力减弱或遇到障碍物，风力无法挟带沙子继续前进时，沙子便堆积成沙丘，并进一步发展扩大，终于形成广袤千里的沙漠。

沙漠家族成员

要了解沙漠家族的成员，我们首先要知道，科学家是怎么将它们从成千上万种各具差异的地形中识别出来，并进行分类的。

关于沙漠和荒漠的分类，国际上普遍采用布德科的干燥度指标来衡量。我国学者把他的公式简化为$D = E / P$，其中E代表蒸发量，P代表同时期的降水量，而E则用$0.16 \sum t$近似值表示，$\sum t$为大于10℃的积温。国际上通常依据气象指标，规定年降水量在200毫米以下，干燥度$D > 10$是真正的沙漠，D在7到10之间为荒漠化。

这个严谨却枯燥的公式可能不太适合大家，下面，我们来看看具体的数据。

1953年，Peveril Meigs把地球上的干燥地区分为三类：特干地区是完全没有植物的地带，那里的年降水量在100毫米以下，降雨无周期性或者根本不下雨，其面积占全球陆地的4.2%；干燥地区是指季节性地长草但不生长树木的地带，年降水量在250毫米以下，而且蒸发量比降水量大，其面积占全球陆地的14.6%；半干地区有250毫米~500毫米的年降水

▲腾格里沙漠

量，是可以生长草和低矮树木的地带。

特干和干燥区合称为沙漠，半干区命名为干草原。但是达到干燥性标准的地区并非都是沙漠，如美国阿拉斯加州的布鲁克斯岭的北山坡一年只有250毫米以下雨水，但通常不算为沙漠。

那么，如果要你给数量庞大的沙漠进行分类，你会想到哪些根据呢？

实际上，沙漠分类要考虑每年降雨量天数、降雨量总额、温度、湿度等因素，而科学家们最常用的方法，就是用沙漠的典型气候类型来进行分类，另外，还有现在已经不干燥的地区的古代沙漠和其他行星上的外星沙漠。

遍观沙漠大家族的成员，主要有以下几种类型——

◆贸易风沙漠

贸易风是从副热带高压散发出来向赤道低压区辐合的风，来自陆地的贸易风总是越吹越热。干燥的贸易风吹散云层，使得更多太阳光晒热大地。世界上最大的沙漠撒哈拉大沙漠的主要形成原因就是干热的贸易风的作用。在贸易风的作用下，撒哈拉白天气温可以达到57℃。如果你把鸡蛋埋在沙子里，十分钟后，你就可以拿出来享用了。

◆中纬度沙漠

中纬度沙漠也叫温带沙漠，是指位于纬度30°～50°之间的沙漠。北美洲西南部的索诺兰沙漠和中国的腾格里沙漠都是中纬度沙漠。

◆雨影沙漠

"雨影效应"这个专业名词其实描述了一种比较常见的地理现象，即山的迎风坡多雨，相反的，背风坡则

知识链接 ⊘

你知道吗？沙漠里也是有风景的。在美国亚利桑那州南部的土桑市郊区，就有一个仙人掌国家公园。在369.89平方千米的景区里，满目都是高大仙人掌和沙漠风光。这里的沙漠和撒哈拉或戈壁沙丘却又完全不同，虽然有沙漠之名，感觉上却更像废地，就像是水泥建筑被彻底爆破后留下了满地碎屑。时间久了，一片荒烟蔓草。唯一能看出不同的地方，就是一棵棵比人还高、满身尖刺的树形仙人掌。这个国家公园就是为了保护仙人掌而专门建立的，园中有多达1 000多种来自世界各地的仙人掌，品种各异。这里的树形仙人掌体形巨大，平均高度约为四到六米，满山遍野地矗立着，远远望去，就像一群站立在山坡上远眺的人。

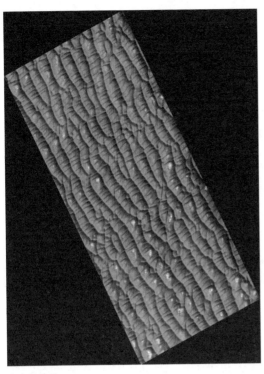

▲火星沙丘

少雨干燥。这是因为高大的山脉阻隔了暖湿气流，把水汽集中在迎风坡，水汽聚集并到达一定强度时，就会下雨。而背风坡常年不能接受水汽，以至于蒸发量相对较大，使土壤相对干旱。雨影沙漠往往是在高山边上的沙漠。因为山太高，造成雨影效应，在山的背风坡一侧形成沙漠，如以色列和巴勒斯坦的朱迪安沙漠。

◆沿海沙漠

沿海沙漠一般在北回归线和南回归线附近的大陆西岸，因为有寒流经过，同时降低了温度和湿度，冬天往往会起很大的雾，遮住太阳。沿海沙漠形成的原因有：陆地影响、海洋影响和天气系统影响。例如：南美的沿海沙漠阿塔卡马沙漠，是世界上最干的沙漠，经常5~20年才会下一次超过1毫米的雨；非洲的纳米比沙漠有很多新月形沙丘，经常刮大风。

◆古代沙漠

地质考古学家发现地球的气候变化频繁，在地质史上有些时段比现在干燥。12 500年前，大约北纬30°到南纬30°之间，10%的陆地被沙漠占据。18 000年前，沙漠在这个区域的面积更是占到50%。这就是时间的伟大魔术，现在葱葱郁郁的热带雨林，从前竟是荒凉沙漠。目前在地球很多地

▲新月形沙丘

方都发现了沙漠沉积的化石，它们中最古老的已经存在了5亿年。例如：美国的内布拉斯加州山丘是西半球最大的古代沙海，虽然它现在已经有500毫米的年均降水量，沙粒已经被植物稳住，但是某些高达120米的沙丘还是让我们见到从前占领这里的沙漠的威力；卡拉哈里沙漠也是一个古代沙漠，位于非洲南部的内陆干燥区，是非洲中南部的主要地形区，总面积约63万平方千米。

◆盐碱沙漠

盐碱土形成的实质，主要是各种易溶性盐类在地面作水平方向和垂直方向的重新分配，使得盐分在集盐地区的土壤表层逐渐积聚起来。我国西北和华北地区，阿联酋国等都有盐碱沙漠分布。

◆外星沙漠

火星是太阳系目前唯一发现有风力塑造地貌的非地球行星，火星上被发现分布有沙丘。不过，如果只看干燥度，几乎所有目前发现的外星天体表面都可以说是沙漠广布。

知识链接 ✓

【知识链接】新月形沙丘是流动沙丘中最基本、最经典的形态，看名字大致就可以猜到沙丘的形状了。的确，它的平面形状就像新月，丘体两侧有顺风向延伸的两个翼。这两个翅膀展开的程度取决于当地主导风的强弱，主导风风速愈强，两翼形成的交角角度愈小。丘体两坡不对称，迎风坡凸出而平缓，坡度在5°～20°；背风坡凹入而较陡，倾角在28°～34°。

新月形沙丘通常由单一方向或两个相反方向的风作用而成，大部分出现在沙漠的边缘地带，辽阔的沙漠总是将弯弯的月牙缀满裙边。

新月形沙丘是怎么形成的呢？强劲的风携带大量的沙子前进，遇到障碍物时，风的行动变慢了，携带沙子的能力下降，沙子就顺着坡面堆积，当它爬到坡顶时，早已筋疲力尽，只有将剩余的沙子全部卸下来，沙丘两侧的沙子阻碍少，会跑得更快一些，于是在两侧长出顺风延伸的翼角。新月就这样生成了。

那么，小沙堆又怎么长成了沙丘链呢？在沙子供应比较丰富的情况下，密集的新月形沙丘又相互连接，手牵手连在一起形成新月形沙丘链。

当一个个小新月堆在高大的新月沙丘迎风坡上，就形成了复合新月形沙丘；当一个个大新月手拉着手，像自行车的链条一样横向连接起来，就形成了复合新月形沙丘链，它们构成了沙漠裙边上更为精美的花边。

沙漠并非一无是处

存在于地球上的丰富各异的地形中，多数人最不喜欢哪一种？

你的答案，是不是沙漠？

的确，这里水分稀少，生命难以存在，人类不能居住，甚至是往来于此的商旅也常常把命丢在这里。大多数人对于沙漠的印象，恐怕是"死亡之地"。

或许你要说，要是地球上没有沙漠，该有多好！

事实果真如此吗？不是的。

仔细推敲起来，沙漠可以说有着方方面面的价值。沙漠绝非一无是处。

◆独特的生态系统

和地球上的其他区域相比，沙漠中的生命确实不多，但存活在沙漠里的动植物往往很有特色。那些耐旱的植物和昼伏夜出的动物组成了特殊的沙漠生态系统。换句话说，正是由于沙漠生物的存在，地球上的生物多样性才是完整的。同时，这

知识链接 ✓

许多人产生石油总是产于沙漠地区的印象，可能主要是受到世界第一大产油区在中东，以及我国塔里木盆地出产石油的影响。可是，别误会，"总是沙漠地区产石油"这个说法是不正确的。事实上，世界上很多大油田都不是在沙漠地区，例如世界上远景储量最大的秋明油田就位于俄罗斯西西伯利亚平原上，又如中国的大庆油田、胜利油田，印尼、尼日利亚、美国阿拉斯加的大型油田都是在气候湿润地区，还有很多大型油田存在于海底，需要建立海上平台进行开采。

不过，有一点需要提到的，就是产石油的地区，的确会倾向于形成沙漠气候。这是为什么呢？我们知道，石油是沉积的产物，也就是要地壳下沉，形成沉积岩，才会有石油产出。而地壳下沉，通常就会形成沉积盆地。世界上大部分石油都产于古代或现代的大型沉积盆地里，如果那个大型沉积盆地恰好是一个封闭盆地，周围是比较高的山地或高原，那么这种封闭地形区多数都会因为水汽被周围山地高原阻隔而变得干旱，容易形成沙漠。但是有很多盆地并不完全封闭，或者周围山地不高，或者离海洋不远，因此没有形成沙漠气候。总之，在各种气候区域内都会有石油。

种特殊的生态系统也为人类的科研提供了许多突破口。

◆别样的风成地貌

沙漠从成因上来说一般归入风成地貌。沙漠地域大多是沙滩或沙丘，也经常出现沙下岩石，泥土稀薄，地表植被覆盖稀少，有些沙漠甚至是盐滩，当真寸草不生。独特的风成地貌是大自然鬼斧神工般雕琢的产物，黄沙漫漫，别有一番风情，为人们提供了旅游、探险的好去处，也是一些区域发展地方旅游经济的依据。试想，除了沙漠的一望无垠，还有什么堪与大海的浩瀚相比？

知识链接

【知识链接】你是否听说过，有人在大海之滨瞭望，或在海面航行，却突然看到空中映现出船只、岛屿、楼台或城廓等奇异现象，可是大风一起，这些景象又立刻消逝得无影无踪，好像一场从天而降的仙境，短暂又缥缈。

这就是我们常说的海市蜃楼，也可以简称为蜃景，是大气制造的一种幻景。这种现象不仅发生在海面，还可能发生在湖泊、大江、沙漠、戈壁等处的空气层中。

那么，大气魔术师是如何欺骗了我们的眼睛呢？

在沙漠里，由于白天沙石被太阳晒得灼热，接近沙层的空气升温极快，形成下层热、上层冷的温度分布，造成下部空气密度远比上层密度小的现象。这时前方景物的光线会由密度大的空气向密度小的空气折射，从而形成下现蜃景。远远望去，宛如水中倒影。在沙漠中长途跋涉的人，酷热干渴，看到下现蜃景，常会误以为已经到达清凉湖畔。可惜，一阵风沙卷过，仍是一望无际的沙漠。这种假象常常将沙漠行者最后的希望剥夺，是一种美丽而残酷的幻境。

◆资源丰富

沙漠里并不是只有沙子的，也有可贵的矿床。在某些干燥区域，地面的水溶解矿物质，然后把它集中在地下水面附近，成为容易开发的储藏。非金属物质，例如铍、云母、锂、黏土、轻石等常出现在干燥地区，近代，人类还在这些地区还发现了很多石油储藏。

中东地区是一个很好的例子，它被称为“世界油库”和“石油海洋”，是世界上最大的石油储藏地。中东的石油资源到底有多丰富呢？全球目前已探明的石油储量为1万亿桶，其中62.1%蕴藏在中东尤其是波斯湾；迄今已探明石油储量居世界前五位的国家——沙特、伊拉克、阿联酋、科威特和伊朗——全部集中在波斯湾地区；中东地区石油产量约占世界总产量的2/5，出口量约占世界总出口量的2/3，有数据显示，中东地区石油产量占世界石油总产量的比例从2003年的29.6%增长到了2005年的57%。

20世纪50年代以来，随着对沙漠中陆续发现的丰富的石油、天然气、铀、铁、锰、磷酸盐等矿产资源的大规模开采，该地区一些国家的经济面貌也因此发生了改变，比如利比亚、阿尔及利亚和埃及这三个国家，已经在荒漠里立起了高大的石油井架，成为世界主要石油生产国，在世界格局中占有重要地位，尼日尔则成为著名产铀国。除此之外，沙漠也是风能、光热资源丰富的地带。

◆ 科研价值较高

沙漠的风成地貌是地质学家们的乐园，为地质研究提供了广阔的天然实验室；沙漠的干燥气候也是考古学家们的大爱，它保存下许多人类的文物和

▲月牙泉湛蓝的泉水

更早地质时期的化石。

最后，我们以一篇名为《沙漠》的美文来结束这一部分的内容，看看沙漠如何在文人笔下化身为灿烂的精魂。

沙漠

作者：安德烈·纪德

（注：安德烈·纪德，1869年11月22日—1951年2月19日，法国20世纪最重要的作家之一，代表作有小说《伪币制造者》、《田园交响曲》，随笔《人间的食粮》等。在1947年，他曾获得诺贝尔文学奖。）

多少次黎明即起，面向霞光万道、比光轮还灿烂的东方。

多少次走向绿洲的边缘，那里的最后几颗棕榈枯萎了。生命再也战胜不了沙漠。

多少次啊，我把自己的欲望伸向你，沐浴在阳光中的酷热的大漠，正如俯向这无比强烈的耀眼的光源。

何等激动地瞻仰、何等强烈的爱恋，才能战胜沙漠的灼热呢？

不毛之地；冷酷无情之地；热烈驰骋在之地；先知神往之地。

啊！苦难的沙漠、辉煌的沙漠，我曾狂热爱过的你。

在那个时候出现海市蜃楼的北非盐湖上，我看见犹如水面一样的白茫茫的盐层。

我知道，湖面上映照着碧空——盐湖蓝的好似大海。但是为什么？

会有一簇簇灯心草，稍远处还会矗立着正在崩坍的页岩峭壁。

为什么会有漂浮的船只和远处宫殿的幻象？

所有在这些变了形的景物悬浮在这片臆想的深水之上。

我曾见在朝阳的斜照中，阿马尔卡杜山变成玫瑰色，好像是燃烧的一种物质。

我曾见天边的狂风怒吼，飞沙走石，令绿洲气喘吁吁，像一只遭受暴风雨袭击而惊慌失措的航船；绿洲被狂风掀翻。而在小村庄的街道上，瘦骨嶙峋的男人赤身裸体，蜷缩着身子，忍受着炙热焦渴的折磨。

我曾见荒凉的旅途上，骆驼的白骨蔽野，好些骆驼因过度疲劳，再难赶路，被商人遗弃了，随后尸体腐烂，叮满苍蝇，散发出恶臭。

我还想谈谈沙漠。生长细颈针茅的荒漠，野蛇遍地，绿色的原野随风起伏。

乱石的荒漠，不毛之地。页岩熠熠闪光；小虫飞来舞去；灯心草干枯了。在烈日的曝晒下，一切景物都发出噼噼啪啪的响声。

黏土的荒漠，这里只要有涓滴之水，万物就会充满生机。只要有一场雨，万物就会葱绿。虽然土地过于干涸，难得露出一丝笑容，但雨后簇生的青草似乎比别处更嫩更香。由于害怕未待结实就被烈日晒枯，青草都急急忙忙地开花，授粉播香，他们的爱情是急促短暂的。可是太阳又出来了，大地龟裂、风化，水从各个裂缝里逃遁。大地坼裂的面目全非；尽管大雨滂沱，激流涌进沟里，冲刷着大地；但大地无力挽留住水，依然干涸而绝望。

黄沙漫漫的荒漠——宛如海浪的流沙，在远处像金字塔一样指引着商队登上一座沙丘，便可见天边的另一沙丘的顶峰。

刮起狂风时，商队停下，赶骆驼的人便在骆驼的身边躲避。这里生命灭绝，唯有风与热的搏动。阴天下雨。沙漠犹如天鹅绒一般柔软，夕阳中，像燃烧的火焰；而到早晨，又似化为灰烬。沙丘间是白色的谷壑，我们骑马而过，每个足迹都立即被尘沙所覆盖，由于疲惫不堪，每到一座沙丘，我们总感到难以跨越了。

黄沙漫漫的荒漠啊！我早就应该狂热的爱你，但愿你最小的尘粒在它微小的空间，也能映现宇宙的整体！微尘啊！你忆起何种生活，你是从何种爱情中分离出来的？微尘也想得到人类的赞颂。

我的灵魂，你曾在黄沙上看到什么？

白骨——空的贝壳……

一天早晨，我们来到一座座高高的沙丘脚下蔽日。我们坐下；那里还算阴凉，悄然长着灯心草。

至于黑夜，茫茫黑夜，我能谈些什么呢？

沙丘输却海浪三分蓝。

我熟悉这样的夜晚，似乎觉得一颗颗明星格外璀璨，胜似天空一片光……

沙漠与自然

沙漠与自然环境之间存在着紧密的联系：一方面，沙漠是干旱环境下的产物；另一方面，沙漠环境下的气候、土壤、地貌、生物等因素都被牢牢地贴上了沙漠的标签。

下面就让我们走进沙漠的世界，也就是走进沙漠区域自然环境的世界。

沙漠气候

世界上的沙漠集中分布区的气候类型，主要包括热带沙漠气候和温带沙漠气候。

热带沙漠气候也叫热带干旱与半干旱气候，终年高温少雨。它主要分布在南北回归线两侧的内陆地区和大陆的西岸地区，大体介于南、北纬15°—30°之间。典型的热带干旱气候区包括非洲的撒哈拉沙漠、卡拉哈里沙漠和纳米布沙漠，西亚的阿拉伯大沙漠，南亚的塔尔沙漠，澳大

▲沙漠景观

利亚西部和中部沙漠以及南美西海岸的阿塔卡马沙漠等，其中以撒哈拉沙漠地区最为广大。这里常年处于副热带高压带和信风控制之下，盛行热带大陆气团，气候炎热干燥。主要有以下几个气候特点：

◆水量少而变率大

让我们用记录来证明这一点：北非撒哈拉沙漠中的亚斯文曾有连续多年无雨的记录；而南美智利北部沙漠的阿里卡，曾经在连续十七年中仅下过三次可量出雨量的阵雨，而三次总量加起来也只有0.51厘米。同样位于智利北部沙漠的伊基圭曾连续四年无雨，但是第五年的一次阵雨就降了15厘米，在另

一年的一次阵雨记录竟达63.5厘米，这就是我们说的变率大。热带沙漠的降雨多为暴发的阵雨，往往引起剧烈的水土流失。

◆气温高、温差大

沙漠热，是我们都知道的。由于云量少，日照强，又缺乏植被覆盖，空气湿度小，沙漠地区白天气温上升极快。在北非曾有高达58℃的记录，一般夏天的月均温都在30℃～35℃之间，而且高温的时间很长，如阿拉伯半岛的亚丁，一年有五个月的月均温在30℃之上。

▲温带沙漠气候

如果我说沙漠冷呢？听起来很奇怪吧！沙漠的夜间整夜无云，地面辐射强，散热快，夜间最低温度一般在7℃～12℃之间，有时甚至出现薄霜。沙漠的日温差一般都在15℃～30℃之间。在北非的黎波里以南的一个气象检测站，在1978年12月25日的白天最高温度纪录是37.2℃，到了晚上，温度最低竟然降到-0.6℃，日温差达37.8℃，用"早穿棉袄午穿纱"来形容真是一点不夸张。

◆蒸发强、相对湿度小

热带沙漠气候因为经常无云、风大、日照强、气温高、相对湿度小，因此蒸发力非常旺盛。蒸发量一般在降水量的二十倍以上，甚至可以达到百倍。蒸发带走大部分的水汽，空气中的相对湿度自然很小，撒哈拉沙漠常出现2%左右的相对湿度。

◆植物量少

热带沙漠气候地带生命迹象稀少，只有最耐旱植物才有可能在这里生存下去，仙人掌是其中的佼佼者，有些不耐旱的灌木丛则生活在沙漠的边缘。

　　温带沙漠气候指温带大陆腹地沙漠地区的气候，是大陆性气候的极端情况。此类沙漠多半深居大陆内部，距海遥远且被山地等高大地形阻隔，地形闭塞。湿润的海洋气流难以到达，气候十分干燥而形成了沙漠。如中亚的卡拉库姆沙漠和克齐尔库姆沙漠、蒙古的大戈壁、中国西北部的沙漠、美国西部大沙漠。

　　温带沙漠气候特点是云量少，相对日照长，太阳辐射强，由此极端干旱，降雨稀少，年平均降水量在200～300毫米，有的地方甚至多年无雨。夏季炎热，白昼最高气温可达50℃或以上，这里和热带沙漠气候的不同之处在于寒冷的冬季，最冷月平均气温在0℃以下。因此我国西北有些地区的人笑称他们是"围着火炉吃西瓜"。温带沙漠气候的自然景观多为荒漠，只有少量的沙生植物。

　　下面，让我们将刚才读到的知识和中国的实际地理情况联系起来，聪明的读者，你会用到哪一种沙漠气候景观呢？

　　对，就是温带沙漠气候景观。因为上文我们已经提过，中国没有热带沙漠。

　　具体来说，我国的温带大陆性气候区按照距离海洋的远近，自东向西可以划分为温带草原气候、温带半荒漠半草原气候、温带荒漠气候。因此不难发现，温带沙漠气候是温带大陆性气候的一个构成部分，它一般形成和分布于大陆性气候显著的内陆地带。我国的西北地区就是一个典型代表。

　　中国沙漠自西而东分布在不同的自然地带，主要有塔克拉玛干沙漠、古尔班通古特沙漠、巴丹吉林沙漠、腾格里沙漠、柴达木沙漠及面积较小的库姆塔格沙漠、毛乌素沙地、浑善达克沙地、科尔沁沙地和库布齐沙漠，总面积约60万平方千米，其中最大的塔克拉玛干沙漠面积达到33.76万平方千米，占到中国沙漠面积的一半以上。

　　由于所处的自然条件不同，每个沙漠各有自身特征。归纳起来说，就是自西向东，流沙逐渐减少，固定、半固定沙丘逐渐增多。

　　单从降雨量来看中国的沙漠地区气候特点，它们很相近，年降雨量大都在50毫米~100毫米以下，最少的地方只有10毫米～20毫米。我们一提到葡萄和哈密瓜就会联想到吐鲁番，年雨量只有16.4毫米；而托克逊县城降雨量更少，只有6.9毫米，这么点雨量还不够沙漠里一天的蒸发呢。谈起雨日，吐鲁番每年平均只有15天，托克逊还不到10天，而且其中绝大多数都是仅能淋湿地皮的小雨，对于居住在这里的人们来说，想要畅快地淋一场雨，也是一种奢望。1958年8月14日下的一场雨，降雨量是36毫米，算是我们新中国成立以来最大的一次。

沙漠趣闻

下面是为你搜集的关于沙漠气候的趣闻轶事。

魔鬼雨——在我国西北沙漠地区里，有时天空乌云密布，狂风怒吼，一道耀眼的闪电划过，眼看着一场雷雨就要来临。结果，常常是等了半天，眼望着满天乌云都散了，雨点还是没有下来。雨都到哪里去了？其实，天空中倒确实是在下雨，只不过这里的空气太干燥了，雨滴经过厚厚的"口渴"的大气层，还没等落到地面，就在半路上都蒸发光了。这种情况在气象学里称为雨幡。老百姓不明其理，就管这种落不下来的雨为"魔鬼雨"。

雨中行走而不湿衣——雨中行走而衣襟不湿，你以为我在说武侠小说中那些轻功超群的侠客吗？非也，在某些沙漠里，只要你动作灵活一点，就可以做到这一点。这些沙漠地表温度极高，空气的上下对流很强烈，因此有时可以在云中生成极大的雨滴。这些雨滴如果一路上蒸发不完，还是有机会掉到地面上的，只不过这种雨的雨滴非常稀疏。一位地理学家笑称："如果人能始终保持在雨滴之间，就可以在雨中行走而不湿衣。"

太阳声——在戈壁沙漠生活过的人，大概有过这样的经验：烈日当空，四下空无一人，你偏偏突然听见一下响声，就好像有人在射击一样，不明所以的人都会被吓一跳。这就是我们所说的"太阳声"，罪魁祸首就是戈壁里随处可见的岩石。岩石怎么会自己响呢？这是因为沙漠气候温度日较差大，夜晚已经很凉的石块，在太阳升起后，表面被强烈加热，石头内外膨胀不匀，最后就"啪"的一声破裂开。经过太阳的反复"折磨"，石块不断破裂变小，最终变成沙粒。在大自然的"冷热夹攻"下，连最坚硬的花岗岩也免不了粉身碎骨的命运。据记载，中国祁连山区，过去曾经有人用手捻碎岩石，顺风扬沙，选取黄金。了解了上面的知识，你就知道这绝不是什么绝世武功，只是充分利用了沙漠气候下石头的特性而已。

　　立等可穿的衣服——气象部门经常用相对湿度来衡量空气含水汽的多少，相对湿度100%就是空气饱和了。沙漠地区的平均相对湿度只有20%左右，午后经常会低于10%。有时，在气象记录里，还出现0的记载，也就是说空气中连一点点水汽也没有了，至少仪器是测不出来了。夏天在这种相对湿度很低的情况下洗衣服，如果你一件一件地洗，一般来说，当你洗到第三件时，第一件就已经干了，真是立等可穿。

　　中午高温可煮鸡蛋——沙漠气候中的温度变化，是世界各种气候中最最极端的。沙漠里的中午，地面究竟可以达到多高的温度呢?在中国，70℃的纪录不算稀奇。吐鲁番地面温度表的最高刻度是75℃，可是有好几次水银柱都已经远远超出

▲干燥的沙漠

了75℃。在吐鲁番盆地南部沙丘的表面，曾经测得82.3℃的高温。如果你在中午把一颗鸡蛋埋进沙子里，用不了多久，你就可以拿出来吃了。

一年只有两季——我们都知道，春夏秋冬，依次轮回，形成变幻而完整的四季。可是，并不是每个地方都有四季的。中国东部地区，处于季风大陆性气候，春、秋季节本来就短，而沙漠地区的春、秋季就更短了。因为沙漠地区太干，没有水分调节，春季里气温直线上升，秋季里气温直线下降，春、秋两季加起来也不到三个月，感觉一眨眼就从冬天跳到了夏天，又一眨眼，日子从夏天转回冬天。

▲高温可"烤"鸡蛋

春、秋季节一短，冬、夏季节就显得格外长，所以有人形容，"中亚干旱地区，一年只有两季：西伯利亚的冬季和撒哈拉的夏季"。

沙漠中的奇迹——绿洲

就像日与夜的相连和相对，提到沙漠，人们总是会联想到另外一个充满希望的名字——绿洲。

绿洲，使行走在沙漠中的人身处绝境仍怀有希望；而正是沙漠的荒芜和死寂，反衬出绿洲的美好和珍贵。

地理上，绿洲是指分布在沙漠、沙漠化土地区内及附近，自然条件较好、水源丰富、植被发育的地区，也是预防沙漠化发生和蔓延的重要地带。换言之，即使在干旱少雨的光秃秃的大沙漠里，也可以找到水草丛生、树木成荫的绿洲。它多呈带状，分布在河流或泉水附近，以及有冰雪融水灌溉的山麓地带。

这生机勃勃的绿洲又是怎样形成的呢？

中国沙漠周边多有高山，高山上的积雪到了夏天就会融化，冰雪融水顺着山坡流淌形成河流。河水流经沙漠，便渗入沙子里变成地下水。这地下水沿着不透水的岩层流到沙漠低洼地带后，就涌出地面。另外，远处的雨水渗入地下，也可与地下水汇合流到沙漠的低洼地带。有时候地壳变动，造成不透水的岩层断裂，地下水就会乘机沿着裂缝流到低洼的沙漠地带冲出地面。这低洼地带有了水，各种生物就相应而落根、生长、发育、繁衍。

沙漠地区天然降水少，难以满足农作物生长的需要。但是绿洲土壤肥沃、灌溉条件便利，又有沙漠夏季高温提供的充足的热量，可以说"取沙漠之利而去沙漠之弊"，往往成为干旱地区农牧业最为发达的地区。

▲沙漠绿洲

例如利比亚荒漠的哈尔加绿洲和达赫拉绿洲。在撒哈拉2/3的人口在绿洲定居并依赖其灌溉，枣椰树是当地主要的树木和食物的来源，在它的阴影下还生长着柠檬果、无花果、桃、杏、蔬菜和小麦、大麦、粟等谷物。著名的台湾作家三毛有一本散文集——《撒哈拉的故事》，写的就是沙漠生活的别样风情。而我国新疆的塔里木盆地和准噶尔盆地边缘的高山山麓地带、甘肃的河西走廊、宁夏平原和内蒙古河套平原都有不少绿洲分布，只要有充足的灌溉水源，这里的小麦、水稻、棉花、瓜果、甜菜等农作物都是质量上乘的佳品。

绿洲是浩瀚沙漠中的片片沃土，它们就像美丽的珍珠，镶嵌在广袤的沙漠里，闪烁着神奇的色彩。

因此，人类千方百计去尝试，想要创造出更多的绿洲。其中的关键原理就在于"绿洲效应"。

什么是绿洲效应呢？

沙漠地区，因为缺水，高温低湿，鲜有动植物存活。但是只要有水源，一切就会不同：水分与空气混合，降低空气温度，提高相对湿度。湿润的空气适合作物生长，能形成人类可居住的条件。气象学上，空气的热量使水分自液体转变为气体称为蒸发作用，这个过程增加空气相对湿度；反过来，空气的热量被水分吸收、蒸发带走，空气温度因此降低称作冷却作用。此种水与空气混合产生降温加湿的结果与沙漠中绿洲的形成原理十分相似，因此被称为绿洲效应，也叫蒸发冷却作业。

简单地说，绿洲效应来自水与空气的混合，因此绿洲效应的作用条件在于：有足够的风量与风压；有足够的水量；有足够的时间使水与空气得以混合。

绿洲效应在实际应用中具有积极的意义。根据这个原理，科学家推想，如果在干旱或半干旱地区进行大面积的人工灌溉，就可以引起气候变化，产生绿洲效应。经过灌溉的土地，土壤湿润，热容量增大，水分蒸发量也随之增加，空气相对湿度加大，土壤和近地面层气温的昼夜变化趋向和缓。而大面积的灌溉可使局部范围内的气候相应改变，额外水分的蒸发将引起云、辐射和降水等气候变化。

最为著名的案例由美国人创造，自20世纪30年代以来，美国对62 000平方千米的土地进行灌溉，结果使当地初夏增雨10%。甚至有些科学家还设想，建立半径达50米的巨型输水管道，横跨大西洋，将南美洲亚马孙河河口的淡水输送至非洲撒哈拉沙漠进行灌溉，形成广阔的绿洲，以改良其极端干旱的气候状况。

假若这一设想得以实现的话，我们真不敢想象撒哈拉大沙漠将来会变成什么景象！如果实现的话，那必将是人类的福音，我们期待这一天。

顽强的沙漠植物

生物学家往往能够通过一种植物的外形判断它的生长环境。这是因为，只要你观察足够仔细，植物就会自己告诉你它的秘密。

沙漠地区气候干旱、高温、多风沙，土壤含盐量高，只适合适应性极强的植物生长，但即便是这类植物，也只是零星地生长在沙漠里。只有在河流两岸和湖泊的边缘，你才有可能看见较为密集、线性分布的植被。

植物要有一套适应沙漠自然环境的本领，才能生存下来。因此长期生活在干旱环境中的植物，形态等方面会出现一系列适应性特征：有非常发达的根；具有肥厚多汁的肉质茎；在叶表面有厚的角质层；有较小的叶面积。为了适应沙漠的气候，它们长成了与众不同的奇怪相貌：号称"无叶树"的梭梭，叶子已经退化得像鳞片一样裹在树枝上，主要靠绿色的树枝代替叶子进

知识链接 ⓥ

【知识链接】碱蓬，又叫"狼尾巴条"，也有人称作"碱蒿"、"盐蒿"。它是一年生的草本植物，能长到30厘米~100厘米高，花单生或三三两两有柄簇生于叶腋的短柄上，一团花束就好像伞面。

碱蓬是一种典型的盐生植物，它天生喜欢盐湿，不像一般植物那样讨厌盐碱地，一般在PH值8.5—10.0之间的土地上生长，不过即使PH值超过10，它仍然可以坚强地存活。碱蓬对土壤的唯一要求就是充足的水分条件。不过，要是一时没水，也吓不倒它。因为它茎叶呈肉质，平时就很有预见性地在叶子里贮藏了大量的水分，因此能够忍受暂时的干旱。不仅如此，碱蓬种子的休眠期很短，遇上适宜的条件就能迅速发芽，出苗生长，而大多数的种子喜欢挑在夏季雨后钻出地面。正是由于这些特质，你经常可以在碱湖周围和盐碱斑上看见它们或如星云般散生，或成群地聚在一起。这种性格平和的植物既可以形成自己的大片群落，也乐于和其他盐生植物一起生长。

碱蓬的这些本领被科学家注意到了，从2008年开始，大量的碱蓬被播种在盐碱地区，它在生长的过程中能够从盐碱地里吸取盐碱，改良土壤，进而引来其他草生长，使盐碱地转化成新草原。

行光合作用，制造养料；仙人掌则把叶子变成了尖刺；径柳干脆就没有了叶子；有些沙漠植物采取"惹不起，躲得起"的策略，它们在干旱炎热的夏季里落叶休眠，等到夏去秋来，再继续生长发芽。

下面，我们就来细说一下沙漠植物的秘密，去探究它们在外表形态、内部结构，以及生理作用等方面的主要特征吧。

首先，多数的多年生沙生植物有强大的根系，以增加对沙土中水分的吸取。这类植物，一般根深和根幅都比株高和株幅大许多倍，侧根总是努力地向四面八方扩展，而且彼此均匀地扩散生长，避免集中在一处消耗过多的沙层水分。

如灌木黄柳的株高一般仅2米左右，而它的主根可以钻到沙土里3米半深的地方，

▲碱蓬草

水平根可伸展到二三十米以外，即使受风蚀露出一层水平根，也不至于造成全株枯死。

不过，也有一些独立特性的植物会反其道而行，它们就是一年生的"短命植物"。这些一年生的植物根很浅，春天偶然降了点雨，哪怕是很少，只要地表湿润，它们也会充分利用起来，蓬勃地生长、开花、结实，在相当短暂的时间里完成它的生活周期，以躲过干旱高温的夏季。

其次，沙漠植物大多数长成"根深而叶不茂"的怪样子。它们为减少水分的消耗，减少蒸腾面积，所以许多植物的叶子缩得很小，或者变成棒状或刺状，甚至无叶，用嫩枝进行光合作用。

上文提到的梭梭，因寿命长被称为"沙漠植被之王"，它的秘密武器就是"无叶"，是依靠绿色枝条进行光和作用的，故称为"无叶树"。有的植物不但叶子小，花朵也很小，红柳就是这样，所以又被叫做"柽柳"。有的植物为了抑制蒸腾作用，叶子的表皮细胞壁强度木质化，角质层加厚，或者叶子表层有蜡质层和大量的毛被覆，叶组织气孔陷入并部分闭塞。

此外，沙生植物的枝干表面多为白色或灰白色，这是为了抵抗夏天强烈的太阳光照射，免于受沙面高温的炙灼，比如沙拐枣。

沙漠中很多植物的萌蘖性强，就是说这种植物的侧枝往往能够自己生根落土，而且侧枝韧性大，耐得住风沙的袭击和沙埋。红柳就是这样，就算肆虐的沙子把它埋起来，它又可以生出不定根，萌枝生长反而更旺。中国沙漠、戈壁地区，风沙活动强烈，生长在低湿地的红柳经常遭到流沙的侵袭，导致灌丛不断积沙。而红柳在沙埋后由于不定根的作用，仍能继续生长，于是"水涨船高"，形成了高大的灌丛沙堆。

不仅如此，这些植物往往"口味很重"，它们是含有高浓度盐分的多汁植物，可从盐度高的土壤中吸收水分以维持生活，如碱蓬、盐爪爪等。

沙漠植物的传种办法也很奇特。由于能够帮助它们传种的动物太少，植物们不得不充分发挥想象，自力更生。

有些植物种子上长着翅膀或绒毛，种子成熟后就随着风飞翔远扬，遇到合适的地方就发芽生长。比如说柽柳的种子，小小的颗粒外面包着白色冠毛，借风飘落，天然下种，种子一落到低湿地上，一般2到3天就可发芽出苗，迅速生长，种子发芽率在80%以上。还有的植物，比如花棒，荚果有节，成熟时节间断落，每节鼓起呈球状，重量很轻，遇到风就在沙地表面滚动，不容易被沙埋起

▲维吾尔族人的英雄树

来，在条件合适时迅速发芽。再有一种油蒿的种子，只要遇上一点点雨水，就立即渗出胶质，俗称"油蒿胶"，变得黏黏的，随着风在沙丘上滚来滚去，当全身粘上很多沙土后它就发芽了。

中国沙漠地区的自然条件严酷，虽然能适应这样条件的植物种类远比其他自然地带要少，但是由于地区辽阔，总体来说，野生植物资源还是比较丰富的。据不完全统计，我国沙漠中的野生植物不少于1 000种，其中包括不少经济价值较高的用材林、药用植物、纤维植物等。

不少沙漠植物练就了一身"武艺"抵御恶劣条件，常见的就有40多种，光听名字就能把你绕晕：大犀角、芦荟、百岁兰、沙冬青、绿之铃、金琥、中间锦鸡儿、仙人掌、白刺、红皮沙拐枣、泡果沙拐枣、巨人柱、花棒、河

▲墨西哥的仙人掌类植物

西菊、短穗柳、长穗柳、红柳、紫杆柳、沙棘、沙葱、沙漠玫瑰、白麻、罗布麻、胡杨、梭梭、斑纹犀角、骆驼刺、白刺、生石花、海星花、裸果木、佛肚树、光棍树、棒槌树、盐生草……

在这里，只能选取最有代表性的两种沙漠植物与读者朋友们分享：一种是广布世界各地的仙人掌，另一种是主要分布在中国的胡杨树。

相信大部分人都种植过仙人掌；因为它实在是容易养，几乎无需主人照料。

这是仙人掌家族的传统品质。

这个庞大的家族，至少拥有两千个成员，它们的故乡在美洲和非洲。而现在你已经可以在世界各地见到它们或高大或小巧的身影，它们或者在荒凉的半沙漠地带狂野地站立，或者是在办公桌的精致花盆里静静地张望。不过，这些都没有改变仙人掌的基本特征：多汁肉质的植物体和针状的叶子。

具体分析这两个特征，我们看到，仙人掌类植物的叶子变异成细长的刺

或白毛，可以减弱强烈阳光对植株的危害，减少水分蒸发，同时还可以使湿气不断积聚凝成水珠，滴到地面被分布得很浅的根系所吸收；相反的，茎干变得粗大肥厚，具有棱肋，使它们的身体伸缩自如，体内水分多时能迅速膨大，干旱缺水时能够向内收缩，既保护了植株表皮，又有散热降温的作用；同时，绿色的茎干可以代替叶子进行光合作用，制造食物；植株表面的气孔晚上开放，白天关闭，减少水分散失；根系发达，具有很强的吸水能力。正是这些形态结构与生理上的特性，使得仙人掌能够通过休眠的方式来度过漫长的旱季，而一旦闻到雨季的气息，它们就苏醒过来，迅速吸收水分重新生长，开放出艳丽的花朵。

虽然仙人掌各地都有，真正的"仙人掌王国"却非墨西哥莫属。

你还记得墨西哥的国徽吗？

对，就是那个由鹰、蛇和仙人掌组成的图案。传说，墨西哥人的祖先阿兹台克人曾经是居无定所的，他们到处流浪，直到有一天，战神托梦给他们，告诉他们要找一个理想的地方定居下来。阿兹特克人遵照战神的启示，走遍四方，寻找神谕之地。有一天，他们看到一只雄鹰叼着一条蛇站立在特斯科科湖西岸茂盛的仙人掌丛中，这正是战神在梦中向他们展示的画面。于是阿兹台克人便在这里定居下来，建立起自己的都城——墨西哥城。后来墨西哥建国时根据这一传说确定了自己的国徽和国旗。

在大多数人的眼里，仙人掌只是一种观赏性植物，而对于被仙人掌刺扎到过的人们来说，它们还有一点小小的"伤害性"。其实不然。

不知道你有没有听说过，仙人掌被墨西哥人叫做"仙桃"，听起来像某种水果，这其实是很有道理的。

很多仙人掌类植物的果实，不但可以生吃，还可用来酿酒，或者是制成果干。美洲有着悠久的食用仙人掌的历史，至今你仍可以在超市找到作为食品出售的仙人掌果实和嫩茎。作为人们日常生活中不可缺少的一种传统蔬菜和水果，仙人掌的食用方式多种多样。人们或是将仙人掌洗净切碎后煮在汤中，或是架在炉上烤制，或是做成饼馅，或是直接将新鲜的仙人掌腌制起来。如果你有勇气越过密密麻麻的尖刺，拨开仙人掌的表皮，你会发现它们的片状茎节充满了黏稠的汁液，而这种汁液可以作为清洁水质的净化剂使用。此外，仙人掌还可以入药。有些柱状仙人掌的木质躯干还一直被印第安人当做建筑材料。有些地方的人们还会在住宅旁边种一圈棘刺浓密的仙人掌，这就是天然的保卫篱笆。

这样一说，你是不是发现其貌不扬的仙人掌其实浑身都是宝。

而今，原产于美洲和非洲的仙人掌，已经被大量引进国内，作为室内观赏景物，少数逸为野生，许多珍贵品种已经成为人们桌上的宠物。据说，它们不仅可以调节空气，还可以吸收电脑辐射呢。

"任我是三千年的成长/人世间中流浪/就算我是喀什噶尔的胡杨/我也会仔仔细细/找寻你几个世纪/在生命轮回中找到你

我不怕雨打风吹日晒/被大漠风沙伤害/让心暴露在阳光下对你表白/我宁愿我的身躯被岁月/点点风化/也要让你感觉到我的真爱"——刀郎《喀什葛尔胡杨》

每次听到这首歌都会有种莫名的震撼，仿佛置身于一片倔强的胡杨林中，歌手刀郎沧桑沙哑的嗓音的演绎，无形中透出股摄人心魄的感动，忽略了歌中的情爱，只觉得仿佛自己的灵魂却被吸引去了那风沙漫天的世界……那顽强屹立在"狂风卷起沙石、铺天盖地肆虐"的世界里的胡杨，倒让我们不禁肃然起敬，为那份遥远而坚毅的力量。

胡杨，又称"胡桐"、"异叶杨"，还有一个别名叫"眼泪树"，因为只要在树干上划上一刀，胡杨就会淌下泪水般的汁液。这种杨柳科落叶乔木，是亚非荒漠地区的典型植物。胡杨是杨树中最古老的一种，一亿三千多万年前，它们已经生长在这个地球上。除了它的年岁，胡杨还同一般杨树有很大不同，它不但长期适应极端干旱的大陆性气候，对温度大幅度变化的适应能力很强，还对盐碱有极强的忍耐力，甚至在地下水含盐量很高的塔克拉玛干沙漠中也照样枝繁叶茂。为此，人们尊称它为"沙漠的脊梁"。

之所以能在这样严酷的环境中扎下根来，胡杨自有它一套本领，下面向大家介绍胡杨特殊的生存本领。

◆胡杨的根可以扎到20米以下的地层中吸取地下水，并深深根植于大地，体内还能贮存大量的水分，来抵御干旱。

◆胡杨树不怕盐碱，因为胡杨本身就是一座可以转化盐碱的小型"化工厂",能把对植物有害的盐碱变成可以蒸馒头、做糕点和洗衣服的"胡杨碱"。奥秘在哪里呢?原来胡杨树的细胞有特殊的机能,免受碱水的伤害,而且细胞液的浓度很高,能不断地从含有盐碱的地下水中吸取水分和养料。折断胡杨的树枝,从断口处流出的树液经阳光蒸发后就会留下生物碱,这种碱除食用外,还可用于制革和制造肥皂。我国西北的人们就利用胡杨来产碱,一株大胡杨树一年可生产几十斤碱呢。

◆胡杨生长速度较快,还能从根部萌生幼苗,不断扩大自己的疆域。据统计,世界上绝大部分的胡杨生长在中国,而中国90%以上的胡杨又生长在新疆维吾尔自治区的塔里木盆地中。自然,塔里木盆地有世界第一大的胡杨林,面积达到3 800多平方千米。而目前世界最古老、面积最大、保存最完整、最原始的胡杨林保护区则在轮台县境内,轮台往南100千米的沙漠腹地有着大面积的原始胡杨林。另外在内蒙古自治区西北部额济纳旗也有世界著名的胡杨林景区,这里的胡杨可以汲取黑河的水分,生长较新疆塔里木更加密集。

不过,总体来说,"胡杨之美还是新疆独尊",在轮台的塔里木河附近的沙漠地区,胡杨林的气势、规模均在全国之首。当秋色降临时,人们步入胡杨林,四周为灿烂金黄包围,洼地水塘中的胡杨倒影在蓝天白云映衬下分外鲜明,一切如梦如幻。

作家这样形容胡杨树:"置身塔克拉玛干沙漠,看着一株株与命运抗争的胡杨,令人由衷地感叹生命的顽强。从合抱粗的

▲顽强屹立的胡杨树

老树，到不及盈握的细枝，横逸竖斜，杂芜而立。然而，无论柔弱，无论苍老，总有一抹生命的绿色点染着枝梢。"

或许正是因为这种抗争的精神，在塔里木河流域，胡杨树被长期居住在这里的维吾尔族人称为"英雄树"，他们说，胡杨树"生而一千年不死，死而一千年不倒，倒而一千年不朽"。

这是怎样一种与时间抗衡的力量！

胡杨除了坚毅的精神象征之外，还有许多实际的用途和意义。胡杨的生长速度较快，它的叶子可以作为饲料；木质耐水耐腐，是造桥的上佳材料，

▲沙拐枣

也用于造纸和制作家具；成片的胡杨林可以防风固沙，减缓沙漠化的趋势，有效遏制沙尘暴的频发，从而保护农田、道路、基本设施和人类生命财产安全。因此，胡杨成为我国西北地区河流两岸或地下水水位较高地方的重要造林树种。

可惜，这种与时间抗衡了亿万年的植物，在人类无度的索取之下，竟然逐渐丧失自己的家园。

中央电视台《探索·发现》节目显示："塔里木盆地的胡杨林，是世界上最大的也是最后的一片胡杨林。胡杨，见证了亿万年间的海陆变迁，又度过了冰川时代，如今，它正在面对新的灾难。缺水正在使大片的胡杨林走向衰败，它们的后代却难以成长。"

读者朋友们，如何做好胡杨林的保护和建设工作关乎国家长远发展和每一个人的切身利益，是国家的一件头等大事，也需要我们每一个人的贡献，这一点也马虎不得啊！

神奇的沙漠动物

说完沙漠里的植物，该说些什么呢？

对，你猜着了。下面就为大家介绍沙漠生物的明星——沙漠动物。

沙漠的生存环境异常严酷，但是奇妙的大自然还是安排了不少活泼的精灵来点缀枯燥的黄沙。说到沙漠里的动物，除了大家熟知的骆驼，你还能想到什么？

下面就让我们首先简单地举出居住在沙漠中的几类动物。

生活在沙漠中的动物，主要有：以骆驼为代表的大型哺乳动物，这一类中还有你不那么熟悉的沙漠狐；过着穴居生活的一些啮齿类动物，典型的代表是跳鼠，还有多种沙鼠，比如子午沙鼠、长爪沙鼠、柽柳沙鼠、大沙鼠等；小型爬行类动物，以蜥蜴为主，其中最多的就是沙蜥和麻蜥。此外还有令人毛骨悚然的蛇类，甚至有些鸟类也会在沙漠落脚。

为什么恰恰是它们，而不是其他动物，成为沙漠的居住者呢？

关键词就是"适应"。和沙漠植物的生理特征相似，这些留在沙漠里的动物都有一套技能来适应沙漠中的干、热环境。

知识链接 ⊘

【知识链接】这些数据你知道吗？

骆驼的驼峰最多时能盛50千克脂肪，约占到体重的1/5；

骆驼全身披有约10厘米长的褐色绒毛，是上好的保暖大衣；

骆驼足底有约0.5厘米厚的肉垫，踩在70℃—80℃高温的沙子上，也不碍事；

骆驼一般在体温超过40度时才开始出汗，而且不轻易张开嘴巴，避免身体浪费任何一滴水；骆驼的驼峰和体内储水能够让骆驼在没有食物时生存1个月，在没有水的条件下支撑2周；

骆驼在气温50℃、失水达体重的30%时，还能20天不喝水；

骆驼能负重200千克以每天75千米的速度连行4天；

骆驼能在10分钟内喝下100多升水；

骆驼在炎热的夏天每天仅排尿1升。

总的来说，在沙漠中生活的动物，必须具有自身保持水分和抵抗高温的能力以及适应沙漠生活的形态特征，包括可利用有机物分解产物的水、减少皮肤呼吸、夜行性、通过发汗和喘气的气化进行热发散、与沙地相似的体色以及扁平而宽大的脚等。具体地研究沙漠动物具备的生存本领可不少呢！

昆虫或爬行类动物体表生长着外骨骼或鳞片，虽然这样令它们看起来不那么漂亮，却可以有效地减少水分的散失；类昆虫和啮齿类动物能排出固体的尿酸或脓尿，以减少对水分的浪费。同时大多数动物的体毛颜色与沙土相同。沙土般的颜色不易吸热，能增加在沙漠中的活动力，同时也有保护色的作用，不易被天敌发现、易于觅食。

知识链接 ✓

【知识链接】生活在沙漠中的沙蜥，可以通过改变体色来控制体温，从而减少水分的蒸发。清晨，它的肤色是黑的，随着气温上升，它的皮肤变成沙土色，来反射过多的热量，减少水分蒸发；到了黄昏，皮肤再度变色来适应身体内对水分的需要。

由于沙漠地区水量不足，动物通常需从植物中摄取水分，或借着所摄取的食物，在体内制造所需的水分，比如颊袋小鼠。有些动物体内甚至有贮存水分的特殊构造，骆驼的驼峰就是这个道理。

为了躲避高温，许多沙漠动物尤其是穴居动物，具有昼伏夜出的生活习性，蜥蜴和蛇白天都埋在沙中或躲在洞穴这类较为阴凉的地方。同时，穴居也有利于躲避天敌。

而且沙漠动物对于饥饿的耐受性要比它们生活在其他地方的亲戚好得多，同时大都具有较强的移动能力，这些是为了获取密度低且分散分布着的食饵。在缺乏食物和水分的沙漠中，动物为了生存，往往必须长途跋涉到远方寻求补给品。因此，它们大多具有发达的四肢。有些动物甚至于会钻入沙中避暑，伺机捕捉猎物。

在沙漠中还可以看到一些大耳朵的动物，可不要小看一对大耳朵的作用。大耳朵除了帮助体温快速发散之外，还具有探察声音动向的功能。

光是上面的资料，恐怕还不足以令读者深切感受沙漠动物的神奇之处。下面，就为大家选取几种分外"有型"的沙漠动物介绍给大家。

　　首先登场的是啮齿目沙漠穴居动物，啮齿目是哺乳动物下的一个分类，它的特征就是动物的上颌和下颌各有两颗会持续生长的门牙，动物必须通过啃咬来不断磨短这两对门牙。想想松鼠的形象，你就能理解啦。让我们把聚光灯打向前面提到过的两位明星身上——子午沙鼠和跳鼠。可别小看它们小小的模样，它们一个是打洞高手，一个是跳高能手，各有各的绝技。

　　沙鼠在我国主要生活在新疆、甘肃、内蒙古的荒漠及半荒漠的沙丘和沙土地上。子午沙鼠栖息范围更大，也常见于干草原地带的沙地。它的体长一般在100～150毫米，还长着一条跟身体一样长的尾巴。沙鼠背部和尾巴上的体毛在浅棕黄色和沙黄色之间变化，毛尖发黑。如果它乐意把肚子露给你看的话，你会发现沙鼠腹部的体毛是纯白的。它们喜在夜间活动，活动高峰为子夜零时。

　　俗话说"狡兔三窟"，可是比起子午沙鼠来，再狡猾的兔子也差得远了。

　　子午沙鼠的洞系可以分为越冬洞、夏季洞和复杂洞。它的洞深度多为30～40厘米，一般有1～3个洞口，多的时候也会有四五个，这些洞口直径不大，都在3～6厘米之间，开口大多在灌丛和草根下，起到掩护作用。别看这洞穴小，洞道里面弯弯曲曲，还延伸出很多分支，总长度可以达到3米。如果你变成拇指姑娘误入其中，一定会迷路。更狡猾的是，沙鼠并不会挖通每一个洞口，有的分支在接近地表处形成盲端，以备应急之用。它们是如此小心翼翼，雌鼠在妊娠和哺乳期间出入洞口之后，常将洞口堵塞。

　　沙鼠的谨慎是有道理的，尽管子午沙鼠从春季到

▲大沙鼠

秋季通过繁殖大约会增长10倍，但是它们死亡率高达90％左右，自然界中能够活着体验完四季的沙鼠不到1％。

跳鼠中最常见的是三趾跳鼠和五趾跳鼠。它们喜欢在沙丘上挖洞居住，所以又有"沙跳"之称。

乍见跳鼠，你可能会奇怪，这小东西似乎长着兔子的耳朵，却又和袋鼠有几分神似。你看得很准，这正是跳鼠的两个重要特征。

五趾跳鼠体长130~140毫米，后肢发达而前肢退化，后肢在足底长着硬毛垫，适于在沙地上迅速跳跃，一跃竟可以达到两三米；而短小的前肢，并不参与跳跃，仅仅用于摄食和挖掘。跳鼠神奇的跳跃能力离不开它神奇尾巴的帮助，它们的尾巴末端有扁平的长毛束，就好像舵一样，能在跳跃中平衡身体、把握方向。遇到敌人追击时，跳鼠就会将身体蹲矮，运用后腿强大的弹力作连续蹦跳，这个时候，它们细长的尾在空中挥舞，是控制行动方向和急转弯的平衡器，并且还能直竖着敲打地面，增加跳鼠弹跳力量。因此，跳鼠呆过的沙地多半会留下清晰的尾梢印。

它们的大耳朵则是为了帮助跳鼠在夜间做长距离的跳跃，因为这双大耳朵保证了它们灵敏的听觉。

由于沙漠中植物稀疏，多为灌木而多刺，跳鼠又主要以植物种子和昆虫为食。食物条件的限制，促使跳鼠在夜间频繁活动，长距离地寻找食物，有时一晚可以奔跳上千米之远。如果你的运气足够好，夜

▲沙狐

间路过沙丘的灌木时，用灯光照射，你会发现一只跳鼠正用明亮的眼睛窥视着你，或者在你面前匆匆跳过。不过，要是在漫长的冬季，你就别指望能有这样的运气了，因为它们都冬眠去了。

下面登场的这位，可是我们的老朋友了，它们同人类一起走过了漫长的历史。

下面就让我们深入了解骆驼的故事。

骆驼原产于北美，在4 000万年前左右出现，后来分布范围扩大到南美洲和亚洲，却在其产地消失了。骆驼分单峰驼和双峰驼。顾名思义，单峰驼只有一个驼峰，生活在热带沙漠中；双峰驼又称大夏驼，有两个驼峰，主要分布在温带沙漠中。

骆驼是庞大而温顺的动物，尤其是经过训练和恰当的管理之后。它们奔跑时同侧的前后肢同时移动，表现出一种独特的步态。不过它们被触怒之后一样很危险，尤其是在发情期的时候，会对敌人口喷唾液，又踢又咬。冬季，骆驼生长出蓬松的粗毛来抵御寒冷，春天到来，粗毛脱落，身体几乎裸

▲ 双峰骆驼

露，直到新毛开始生长。一匹健康的骆驼可以活30～40年，雌骆驼每胎产下一仔，哺乳期为一年。

　　或许你曾见过这样的照片，长长的驼队，缓缓地行走在金色的、高低起伏的沙漠里，落日的余晖将它们涂成剪影，多么富有意境的画面！事实却不是这么美好的，即使是今天，穿越沙漠仍然不是每个人都愿意尝试的事情，更不要说那种没有现代交通工具的年代。因为沙漠，骆驼与人类的历史有了许多重叠。它们耐饥耐渴、性情温顺、不畏风沙、善走沙漠，被用来骑乘、驮运、拉车，甚至是犁地，是无可争议的"沙漠之舟"，成为人类探索沙漠

▲沙漠驼队

不可或缺的帮手。

　　仔细观察骆驼身体的每个部分，你就会知道"沙漠之舟"这个称号绝不是虚得其名的，骆驼身体的每一个细节都完美地与沙漠环境相匹配——

　　它们长着双重眼睑和浓密的长睫毛，避免了风沙飞进眼睛的酸楚；耳朵和鼻孔都长有绒毛，鼻翼还能自由关闭，再大的风沙也不怕；脚掌扁平，脚下有又厚又软的肉垫子，所以在沙地上行走自如，不会像人那样吃力地陷

进沙里；胸部及膝部有角质垫，跪卧时用以支撑身体，不会被粗糙的沙粒磨伤；骆驼的胃里有许多瓶子形状的小泡泡，可以贮存额外的水分，随身带着这些"瓶子"，骆驼怎么会担心没水喝呢？近几年，科学家的研究还发现，骆驼的血液含有一种特殊的高浓缩白蛋白，蓄水能力很强，因此骆驼比其他家畜更能有效地保持血液中的水分。最后，我们就要说到骆驼最奇特的外形特征了，就是它高高耸起的驼峰，小山似的驼峰里贮藏着大量脂肪，这些脂肪在骆驼得不到食物的时候，能够分解成骆驼身体所需的养分，所以，长途跋涉之后的骆驼，驼峰大都瘪瘪的。

怎么样，骆驼这身防沙储水"装备"不错吧。

可惜，骆驼抵御了自然严酷的考验，却在面临人类社会的过度扩张时，败下阵来。

今天世界上约有1 300万只单峰驼存活，但是野生物种却已经濒于灭绝。用作家畜的单峰驼主要见于阿拉伯半岛、苏丹、索马里、印度、南非等国家和地区。双峰驼曾经分布广泛，如今却面临同样的悲惨命运，估计目前仅有约1 000只野生双峰驼生活在我国内蒙西部和新疆的戈壁滩，还有少量生活在伊朗、阿富汗、哈萨克斯坦。因此，野生骆驼被列为国家一级保护动物。

▲沙蜥

想必写到这里，读者朋友们对于沙漠与自然环境之间的关系已经有了一个明确的认识，还是那句话，二者相辅相成，密不可分。一方面，沙漠是在一系列自然因素的作用下形成的，自然环境因素是沙漠形成的根本原因；另一方面，沙漠形成之后，也彻底改变了原有的自然环境特点，区域的气候、地貌、动植物、土壤等自然环境组成部分都被深深地打上了沙漠的烙印。

细心的读者朋友们还可以想一想，沙漠地区的自然环境特点势必也会给人类活动带来影响，围绕着沙漠与人文地理环境之间关系又会有哪些故事即将上演呢？

沙漠与人文

假设我们生活在沙漠地区，那将会是一种什么样的状况呢？

沙漠以及沙漠环境特征深深地影响着人类的活动，我们首先从交通谈起——沙漠就是横亘在人们面前的一片金色海洋，而船舶却无法航行。

如何穿越沙漠？

今天的人们很难想象，过去想要穿越沙漠是何等艰难，你无法越过它的上空，知晓它的边界，只能追寻它的尽头。

在一切现代化的交通工具没有出现之前，穿越沙漠就意味着一场考验，一种勇敢者的挑战，意味着将生命置于风险中。而再勇敢的人也离不开骆驼的帮助，无数商队、探险、贸易往来的故事都是由骆驼那纷乱的足印刻画而成的。文明的进步，精彩的历史篇章的演绎，就由这"沙漠之舟"缓缓地牵引而来的。

这里我们又一次提到了骆驼，在这里详细介绍一下骆驼对人类生产和生活的用途吧。

骆驼主要有三种役用功能：骑乘，驮运和农用。

骆驼是荒漠半荒漠地区，尤其是沙漠地区的主要骑乘工具，也被广泛用于沙漠考察工作。虽然骆驼不善于奔跑，但它的优势在于腿长，步幅大而轻快，持久力强，加上蹄部的特殊结构，极为适合作为沙漠中的交通工具。作

▲旧时，行进在西北大漠的驼队

为短距离骑乘，双峰驼的速度每小时可达10千米~15千米；作为长距离骑乘，它们每天可行走30千米~35千米。我国内蒙古自治区还举办过骆驼的赛跑运动会呢，夺冠的阿拉善骆驼5 000米的成绩仅为3分58秒。

在沙漠、戈壁、盐酸地、山地及积雪很深的草地上运送物资时，除了骆驼，再好的交通工具都难以正常发挥作用。骆驼是这些地区最重要的驮畜，被广泛用于沙漠地区的探险、科学考察、运输等工作。一般说来，双峰驼的驮重约为体重的30%到40%，也就是100千克~200千克，短途运输时，它

▲古丝绸之路上的乌鞘岭汉长城

们还可以达到300千克。即使背着这么重的东西，双峰驼的行程每天仍然可达30千米~35千米，不愧是沙漠里的最佳搬运工。而驮运用单峰驼一般比骑乘用的体格要粗重，速度约为每小时2千米~3千米，负重在165千克~220千克。

对于沙漠绿洲或者戈壁的农业区来说，骆驼是耕地、挽车、抽水的好帮手。据报道，在进行农田作业时，套上单套步犁的骆驼每天耕地5小时，可耕地33 33平方米。据测定，骆驼的最大挽力为369千克，相当于本身体重的80%，甚至超过一般农业地区使用的牛类。

在古老的过去，沙漠是人力难以逾越的区域，可是却又以莫名的吸引力召唤着致力于探索这片土地的人们。而骆驼成为任何一个探险者身边最忠实的仆人，被记录到历史中，使得那些关于沙漠和穿越沙漠的故事变得完整。你听，遥远的驼铃声恍惚又响起，那远古的故事依稀近在眼前。

关于沙漠，在中国历史上，最著名的就是下面这段故事——丝绸之路。

大家想必都听过丝绸之路，却未必能清楚地说出这段旅途的沿线各点，所以，还是先做个简单的介绍吧。

丝绸之路，概括地讲，是指自古以来，从东亚开始，经中亚、西亚进而联结欧洲及北非的这条东西方陆上贸易通道和交通线路的总称。因为大量的中国特有商品——丝和丝织品——多经此路西运，故称丝绸之路，简称丝路。

具体来说，狭义的丝绸之路是指西汉时，由张骞出使西域开辟的以长安（今西安）为起点，经甘肃、新疆，到中亚、西亚，并联结地中海各国的陆上通道。其基本走向定于两汉时期，包括南道、中道、北道三条路线。

▲古丝绸之路驿站标志

在后来漫长的历史中，虽然朝代变更，但东西方之间的贸易往来却持续发展着。后来史学家们把沟通中西方的商路统称丝绸之路。但因其上下跨越历史2 000多年，涉及陆路与海路，所以按朝代被划分为先秦、汉唐、宋元、明清四个时期，

丝绸之路是一条具有历史意义的国际通道，是亚欧大陆的交通动脉；不仅如此，丝绸之路的开辟，也有力地促进了东西方的商品交换和经济交流；这条古道还是将古老的中国文化、印度文化、波斯文化、阿拉伯文化和古希腊、古罗马文化连接起来的纽带和桥梁，在悠扬的驼铃声和汹涌的波涛声中，促进了东西方文明的交流。

转眼之间，丝绸之路在工业化到来的时刻，完成了自己的使命。而今它已被东起连云港，西至荷兰鹿特丹的10 900千米长的国际铁路线所取代。但这并不代表着丝绸之路的意义消失了，那7 000多千米的沙漠绿洲之路书写下人类对于文明的不懈探索和追求。甚至在今天，"重走丝绸之路"仍然吸引着许多游人；以丝绸之路为题材的相关影视节目纷至沓来；大量的研究和调查正在进行……这一切的一切，都是今人对于历史的尊重和铭记。

陆上"丝绸之路"的分段：

所谓丝绸之路，其实并不是一条大道，在地图上看，这是几条时而相交时而分叉的曲线。由于西域族群众多，路上丝绸的路线远比一般人想象的要复杂。你可要看完下面的小知识呀？

陆上丝绸之路一般可分为三段，而每一段又都可分为北、中、南三条线路。

●东段：从洛阳、西安到玉门关、阳关。

北线——从泾川、固原、靖远至武威，路线最短，但沿途缺水、不容易得到补给。

中线——从泾川转往平凉、会宁、兰州至武威，距离和补给均属适中。

南线——从凤翔、天水、陇西、临夏、乐都、西宁至张掖，路途漫长。

这三条线路都是从长安出发，到武威、张掖汇合，再沿河西走廊至敦煌。10世纪时期，北宋政府为绕开西夏的领土，开辟了从天水经青海至西域的"青海道"，成为宋以后一条新的商路。

●中段：从玉门关、阳关以西至葱岭。中段主要是西域境内的诸线路，它们随绿洲、沙漠的变化而时有变迁。三线在中途尤其是安西四镇多有分岔和支路。

北线——起自安西（瓜州），经哈密（伊吾）、吉木萨尔（庭州）、伊宁（伊犁），直到碎叶。

中线——起自玉门关，沿塔克拉玛干沙漠北缘，经罗布泊（楼兰）、吐鲁番（车师、高昌）、焉耆（尉犁）、库车（龟兹）、阿克苏（姑墨）、喀什（疏勒）到费尔干纳盆地（大宛）。

南道（又称于阗道）——东起阳关，沿塔克拉玛干沙漠南缘，经若羌（鄯善）、和田（于阗）、莎车等至葱岭。

●西段：从葱岭往西经过中亚、西亚直到欧洲。

北线——沿咸海、里海、黑海的北岸，经过碎叶、怛罗斯、阿斯特拉罕（伊蒂尔）等地到伊斯坦布尔（君士坦丁堡）。

中线——自喀什起，走费尔干纳盆地、撒马尔罕、布哈拉等到马什哈德（伊朗），与南线汇合。

南线——起自帕米尔山，可由克什米尔进入巴基斯坦和印度，也可从白沙瓦、喀布尔、马什哈德、巴格达、大马士革等前往欧洲。

自葱岭以西直到欧洲的都是陆上丝绸之路的西段，它的北中南三线分别与中段的三线相接对应，其中经里海到君士坦丁堡的路线是在唐朝中期开辟的。

沙漠中的经济

沙漠与经济？你大概会问，一把一把黄沙，能有什么经济价值？

还记得吗，我们在上文就说过，沙漠并非一无是处。之前为读者朋友们介绍过沙漠中蕴藏着许多丰富的矿产资源，包括石油、金属矿产和一些非金属矿产。这里，我们就来着重谈谈沙漠带给人类的各方面的经济价值

资源是人类经济活动重要的物质基础，随着人类资源需求的日益紧张，沙漠资源的开发和利用必将越来越受到人们的重视。在我国西北部的茫茫沙海中，对油气资源的开发很早就在进行了，塔里木盆地就是一个典型的例子。

地处中国西北边陲的塔里木盆地，以160亿吨的油气储量成为全国剩余油气资源量最大的盆地，塔里木盆地中部的塔克拉玛干沙漠气候恶劣，素有"死亡之海"的恶名。

但是，有一些人却甘愿将一生投入这里。他们说，"只有荒凉的沙漠，没有荒凉的人生"。于是，才有了后来传说般的那些辉煌。

> **知识链接** ✓
>
> **冲积扇与洪积扇**
>
> 山地河流在出山进入平原后，坡度骤降，水流突然分散，流速也慢下来，水流中携带的物质大量堆积，就会形成一个从出山口向外展开的扇形堆积体，称为冲积扇。
>
> 洪积扇则是指干旱、半干旱地区暂时性山地水流出山口堆积形成的扇形地貌。
>
> 二者均位于水流出山口处，主要区别在于形成动力是常年流水还是暂时性流水，洪积扇形成快，冲积扇则与季节性或常年河流的冲击有关，形成较慢。

自1996年开始，塔克拉玛干大沙漠腹地塔中地区地下的石油资源逐渐得到稳步开发。成立于1996年的塔中作业区是塔里木油田公司的四个油群之一，承担着中国第一个采用水平井技术整体开发、高度自动化的沙漠油田开发建设和管理任务。成立后的十年中，塔中油田累计创造产值高达200亿元。如今，塔中油田已累计生产原油2 000万吨、天然气40多亿立方米，创产值400亿元。近年来，随着勘探技术的不断进步，公司对塔中坡折带油气勘探规模不断扩大，还发现了大型的礁滩复合体凝析气田，探明储量1.38亿吨。

说完资源，我们就来谈谈沙漠的农业经济效益。

沙漠，怎么能和农业说到一块去呢？没错，绿洲正是荒凉死气的沙漠律动的心跳。沙漠中干旱的气候、酷热的环境、罕有的降水、贫瘠的土壤等极度恶劣的条件，原本并不适合人类农业生产活动的展开，但是，一切却因为绿洲的存在而被改写。

绿洲农业又称绿洲灌溉农业和绿洲农业，指分布于干旱荒漠地区有水源灌溉的地方的农业。它有新、老绿洲农业之分，老绿洲农业一般分布于干旱荒漠地区河、湖沿岸，山麓地带与冲积扇地下水出露的地方；新绿洲农业则是随着社会生产力发展和水利条件的改善，在干旱荒漠地区宜农地资源较丰富、开发利用条件较优越的地方开辟的新垦区。可见，新、老绿洲的最大差异，并不在绿洲存在的时间长短，而在于人们开发绿洲农业时，对于自然和科技的依赖程度不同。这些绿洲大小不一，多呈孤岛状、带状或串珠状分布，主要作物有小麦、玉米、棉花和少量水稻，同时，生活在绿洲的人们植树造林，建设农村聚落。

说起我国的绿洲农业，就不能不提新疆维吾尔自治区和甘肃河西走廊的农业生产。新疆的棉花远近闻名，提起新疆的哈密瓜和葡萄，大家更是赞不绝口。那你可知道，这都要归功于新疆特殊的绿洲农业生产环境。

新疆塔里木盆地虽属荒漠气候，但是盆地中水源充足的山麓地带多发展为灌溉绿洲，是古老的农业区，著名的有库尔勒、阿克苏、喀什、叶城、和田等粮、棉和瓜果产区。塔里木盆地光

▲塔中油田

照条件好、热量丰富，能满足中、晚熟陆地棉和长绒棉的需要，是中国优质棉种植的高产稳产区。同时，这里昼夜温差大，有利于作物积累养分，又不利害虫孳生，瓜果资源尤其丰富，著名的有库尔勒香梨、库车白杏、叶城石榴、和田红葡萄等。要是有机会去新疆，你可别忘了敞开肚子吃个痛快。

河西走廊指的是我国甘肃省西北部狭长的高平地，大致范围在祁连山以北，合黎山、龙首山以南，乌鞘岭以西。

这里当然不是真的有"走廊"，而是两汉魏晋时期，此地位于黄河以西，又被两座山川所夹持，所以有这个形象的名称。走廊东西长1 000多千米，南北宽窄由几十千米到几百千米不等，最宽的达到300千米，总体面积约8.9万平方千米，海拔介于1100米～1500米。河西走廊是从古都长安通往西域的必经之路，举世闻名的"丝绸之路"，就

▲新疆和田葡萄长廊

是从这里一直向西延伸去，而现代化的兰新铁路也由此经过。

河西走廊属温带干旱荒漠气候，热量充足，无霜期短。走廊地形构成上大部分为祁连山北麓冲积扇和洪积扇构成的山前倾斜平原——扇形地上部多由砾石组成，多沙碛、戈壁，很难开发利用；扇形地中下部，地面物质较细，大多为黄土状物质，便于引用河水灌溉，形成绿洲农业区。走廊中间是2000米～3000米宽的冲积平原，它们又被突出其间的丘陵、山地分割为武威平原、张掖—酒泉平原、疏勒河平原。每个平原的中部多是绿洲区，沟渠交错，耕地如织，绿洲之间又贯穿着戈壁和沙漠。

走廊的河流全部发源于祁连山地，50多条大小河流汇合为石羊河、弱水和疏勒河三大水系。正是在上述气候、地形和水源条件的综合影响下，河西

走廊绿洲农业发达，发展成为中国大西北的粮棉基地之一。

并非所有绿洲农业都依赖于天然的环境优势，即便是在连绿洲都罕有的地区，人类也能够创造出一片生机。其关键就是发展节水农业。

灌溉水源是农业生产的生命线，而粮食又是人类生存的必需，如何解决缺水的问题至关重要。就人类目前的发展程度来看，发展节水农业是最有效的解决方式，也就是要提高用水有效性的农业，而衡量节水农业的标准则是水的利用率、作物生产率和品质。

目前世界，各国都开始意识到节水农业的重要性和可延续性，而将节水农业发展的最充分的是位于中东的以色列。

以色列60%的国土面积被列为干旱地区。建国50多年来，以色列农业产量增长了12倍，农业用水量却只增加了3倍。这要归功于以色列在水资源利用管理和废水回收利用方面采用的一套成功的体系，主要通过行政和技术两方面的措施，以及开源、节流两种途径来实现。

在行政方面，以色列政府对水资源实施严格的监管。1959年颁布的《水资源法》规定了以色列境内所有水资源均归国家所有，由国家统一调拨使用，任何单位或个人不得随意开采地下水。为此，以色列专门设立水资源委员会，具体负责水资源定价、调拨和监管。水资源委员会还充分利用价格杠杆，根据用水量和水质确定水价。城镇居民用水价比农民用水价高出许多，政府还向城镇居民另外收取污水处理费。为鼓励农民节约用水，政府又给农民用水规定了阶梯价格：用水额度60%以内的水价最低，用水量超过额度80%以上水价最高。

以色列地形南北狭长，水资源集中在北部和中部，但是农田却主要分布在东部和干旱的南部。因此政府投资兴建了"北水南调"国家供水系统，每年从北部向南部干旱地区输送4亿吨水。同时，政府还在冬季和春季北部雨水充沛时将多余的水送往东部地中海滨海区，注入地下蓄水层，以防海水因地下水水位下降而倒灌。由此，以色列通过国家供水系统这个大动脉，和与之相接的全国各小型供水系统这些毛细血管，形成一个四通八达的供水网络，平衡了全国的用水情况。

技术方面，以色列的农业滴灌技术是众多节水技术中的杰作。滴灌可以将水直接输送到农作物根部，比喷灌节水20%，而且在坡度较大的耕地应用滴灌不会加剧水土流失。化肥制造商还千方百计开发可溶于水的产品，使得施肥与滴灌同时作业。

政府一方面积极支持和推广节水技术，另一方面鼓励广开门路，增加水源，重心就在于加大对污水处理和海水淡化工程的投入。以色列于上个世纪90年代中期制定了增加水资源长期规划，包括兴建一座年产淡水4亿吨的海水淡化处理厂和年产水5亿吨的污水处理厂。

对于以色列人来说，未来的农业灌溉将全部采用污水再处理后的循环水，这或许并不是一个遥远的理想。

中国的水资源状况虽然没有以色列那样紧张，但前景并不乐观。因此，近年也十分重视节水农业的发展，取得了农业用水几乎零增长的同时满足农业发展需求的骄人业绩。但是，综合来看，我国节水农业还存在技术水平不高、区域发展不平衡、资金不足等问题。因此，必须吸取别国的先进经验，大力发展节水农业，我国在这方面仍然可以说任重而道远。

▲以色列农田自动灌溉

沙漠旅行十大去处

正是大自然赋予沙漠本身的独特魅力，再加上人类创造的生命奇迹，使得沙漠成为冒险爱好者的探险和观光圣地。

沙漠的自然奇观，人文景观、人类文明的遗迹都是沙漠旅游的重要资源，吸引着不同的沙漠爱好者。前面提到过的海市蜃楼这样的自然奇观，如果你还没觉得过瘾，不妨看看下文为大家提供的沙漠旅游介绍，我们即将看到的可是世界上最美的十大沙漠，赶紧来一睹为快吧。

第一名：中国新疆塔克拉玛干沙漠——白雪覆盖的沙漠

塔克拉玛干沙漠是世界上面积第15大的沙漠，也是中国境内最大的沙漠。整个沙漠东西长约1 000千米，南北宽约400千米，覆盖了塔里木盆地337 600平方千米的面积。它的北部和南部边界地区被当年丝绸之路的两条路线分别穿过，可见古时候的人们就曾尝试绕过这片不毛之地。

2008年，塔克拉玛干沙漠曾有连续11天的降雪记录，这是有记载

▲塔克拉玛干沙漠风光

以来最大幅度的降雪和低温天气，十分罕见。白雪皑皑与黄沙漫漫相互映衬，一时间，塔克拉玛干沙漠分外多姿。

第二名：巴西拉克依斯马拉赫塞斯沙漠——沙丘伴着盐湖

听起来让人难以置信：在一个拥有世界上30%淡水资源和最大面积热带雨林的国家，我们竟然可以找到一处"沙漠"。

拉克依斯马拉赫塞斯沙漠位于巴西北部海滨地区的马拉尼奥州境内。1981年，巴西政府在这里建立了国家公园，占地300平方千米。拉克依斯马拉赫塞斯由众多的白色沙丘和深蓝色咸水湖共同构成，这种奇

异景色全世界独一无二。

每年的7月到9月，大量的降雨将会在这片沙漠中瞬间创造出数以千计的水塘。这些水塘小的好似水坑，大的就像池塘，再大的就是湖泊。白色的沙，蓝色的水，让你不知道身处沙漠还是海滩，恍惚间，宛如来到奇异空间。去那里游泳的话，相信没有人会和你抢游泳池，因为满目所见，都是游泳池。

第三名：玻利维亚乌尤尼沙漠——世界上最大的盐湖沙漠

乌尤尼沙漠是玻利维亚的代表性风景区，位于玻利维亚西南部的高原地区，东西长250千米，南北最宽处有150千米，总面积1.2万平方千米，是世界上最大的盐湖，无愧于世界第一大盐湖的称号。据说，这里的部分盐层超过10米厚，总储量约650亿吨，够全世界人民吃几千年的。

不是谁都能欣赏到这片壮美风景的，3 700米的海拔，10 000多平方千米的无人居住区，光秃秃的地面，几乎找不到辨别方向的参照物，对于游客的适应性要求很高。不过，这里的湖底往往沉积着各种矿物质，每当湖水反射太阳光，水体便会呈现出各种瑰丽的色彩，传说中王母的瑶池恐怕也不过如此，真是值得一看。

第四名：埃及法拉夫拉沙漠——白色沙漠

法拉夫拉沙漠位于埃及法拉夫拉以北约45千米处，最奇特之处就在于沙漠呈现出像奶油一样的白色，和世界上其他地区的黄色沙漠相比，显得异常突出。

第五名：智利阿塔卡玛沙漠——最干旱的沙漠

阿塔卡马沙漠占据了智利南纬

▲埃及法拉夫拉白色沙漠

18°～28°之间的大面积领土，南北长约1100千米，绝大部分在安托法加斯塔和阿塔卡马两省境内。翻开《吉尼斯世界纪录大全》，你会发现，阿塔卡马是世界上最干旱的沙漠。难以想象，有一次干旱竟延续了400年

▲智利北部阿塔卡玛沙漠

之久，有些地区自从16世纪末以后，直到1971年才再一次下雨。

第六名：纳米比亚的纳米比沙漠——有大象的沙漠

即便你没有听过纳米比沙漠，很可能，你听过纳米比亚这个国家。事实上，纳米比亚正是因纳米比沙漠而得名。

纳米比沙漠位于非洲的南部，它没有北边的撒哈拉沙漠面积大，却更加令人印象深刻。它位于南非的西海岸线上，这是众所周知的骷髅海岸，荒凉的海岸线上到处都是失事船只的残骸。

纳米比沙漠被认为是世界上最古老的沙漠，它还拥有全世界最高的沙丘，其中一些竟高达300米。作为最古老的沙漠，纳米比沙漠地区有很多动植物化石。但最特殊之处是，如果够幸运的话，你能在纳米比沙漠中看到大象，这可是世界上唯一一处能够看到大象的沙漠。多少年来，纳米比沙

▲纳米比亚沙漠

漠像磁石一样吸引着大批地质学家，然而直到今天，人们对它依然知之甚少。

第七名：澳大利亚辛普森沙漠——红色的沙漠

澳大利亚辛普森沙漠因其鲜艳的红色闻名于世。铁质物质的长期风化，给这里的沙石裹上了一层氧化铁的外衣。于是，一望无垠的沙漠便成了一团滚滚蔓延的火，在阳光照耀下显得壮丽而危险。

第八名：埃及黑色沙漠——沙漠中的黑色石头

埃及的黑色沙漠就位于法拉夫拉白色沙漠东北100千米远的地方，它所在的地区是火山喷发所形成的山地，到处都是黑色的小石头。不过这些石头的颜色并没有人们想象的那样黑，实际上呈棕橙色。

第九名：南极洲——世界上最干燥也是最潮湿的"沙漠"

南极洲有着世界上最极端的气候，长久以来，这片大陆一直无人居住。1983年，科学家记录下了那里的极端低温：华氏零下129°。

南极洲是世界上最干燥的地方，同时也是最"湿润"的，因为它98%的面积都被冰雪覆盖。而事实上，南极洲每年的降雨量不足5厘米，

▲南极冰山及企鹅

因此它也可以称得上是"沙漠"。

第十名：撒哈拉沙漠——世界最大的沙漠

即使全世界的沙漠你只认识一个，你也一定会知道它的名字——撒哈拉沙漠。

这片世界上最大的沙漠，几乎占满整个非洲北部。在阿拉伯语里，撒哈拉就是"大荒漠"的意思。撒哈拉沙漠西从大西洋沿岸开始，北部以阿特拉斯山脉和地中海为界，东部直抵红海，南部到达苏丹和尼日尔河河谷。它的东西宽度达到5 600千米，南北则长1 600千米，遍布埃

▲撒哈拉沙漠

及、苏丹、阿尔及利亚，摩洛哥等十几个国家，总体面积超过770万平方千米。

770万平方千米，写出来有多少个零？

770万平方千米，是一个什么概念？

你知道那个几乎占据了整个大陆的国家澳大利亚吧，770万平方千米，超过了澳大利亚的国土总面积。

领略了世界上十大最美的沙漠之后，不知你是否迫不及待想要带着背包出门远行了呢？又或者你觉得这些远在异国的沙漠都太过遥远，那么没关系，你也可以去中国境内最美的几个沙漠旅游景点：宁夏沙坡头、新疆鸣沙山月牙泉、内蒙古响沙湾、宁夏沙湖、内蒙古库布齐和腾格里沙漠月亮湖。

围绕着这些沙漠胜景，我国许多地区都建起了沙漠旅游景区，每年凭借沙漠旅游而创造的经济收入也是惊人的！

由此可见，沙漠与人类其实是可以和谐相处的，就看人类如何下好这盘棋了。

沙漠与人类生活

其实沙漠上并非只生存着那些顽强倔强的动植物，要知道，这个地球上人类才是最富活力和创造力的生物。即使在严酷恶劣的沙漠环境中，人类也用自己的方式适应和生存着，并由此形成许多富有特色的生活方式和习惯习俗，甚至通过大脑和双手创造出无数辉煌的文明。正因为沙漠中人类活动的存在，人类文明才有了关于沙漠的篇章，才趋向完整。

让我们环顾世界上那些沙漠地区人类的生活，我们会找到许多像下面描述的那样的场景。仍旧还是那句话——一切都被深深地打上了沙漠的烙印。这里有三个不同沙漠地区人类生活场景的描述，你能想象得到吗？

第一个场景：撒哈拉沙漠地区的天气变化周期决定着人类生命活动的盛衰周期。干旱时期，湖泊萎缩，植物无法生长，人类的活动随之出现衰退或者消逝；等到湿润气候出现，湖泊水流得到补充，面积再度扩大，这时，撒哈拉部分地区也会出现热带地区般的景色，人类社会的活动情况也随之呈现一片繁荣景象。

第二个场景：南美洲智利的阿塔卡马沙漠号称是世界上最干旱的沙漠，曾经400多年没有一滴雨。阿塔卡马沙漠为什么会如此干燥呢？一部分原因在于来自南极冷高压区的寒流产生了很多的雾和云，却没有带来降雨；另外一部分原因，则是东面的安第斯山脉就像一道屏障，挡住了来自亚马孙河流域可能形成雨云的湿空气。即使面临这样艰苦恶劣的环境，阿塔卡马沙漠上仍然生活着100多万人。

那么，一切生命所必需的水资源又从何而来呢？你可不要小看人类的智慧，生活在那里的人们用一张张稠密的网幕，捕捉翻滚过山峰上的浓雾，让浓雾在网表面凝聚成水滴，再用管道引来使用，以此解决缺水的难题。他们用这种方法和从蓄水层中采集的少量地下水，种植橄榄、西红柿和黄瓜等农作物。而在高原上的人们则依靠高山冰雪融水种植作物，放牧骆驼、羊驼等畜种。

第三个场景：我国新疆维吾尔自治区的和田地区有句俗话："和田人民真辛苦，一天要吃半斤土，白天不够晚上补。"这样的话虽然多少有些夸张，却真切反映出人们所面临的生活环境——沙漠以及沙漠化带来的严重后果。

和田地区是沙尘天气多发的地区，一年四季多风沙，尤以春季最甚。那里只谈论风沙大小，不谈论风沙有无。人们根据风沙严重程度将沙尘天气分为"黄风"和"黑风"两种，前者指浮尘天气，后者指沙尘暴天气。而每年的浮尘天气达到200多天，沙尘暴天气也在60天左右，月均降尘甚至达到了每平方千米100多吨。难怪这里的人们"一天要吃半斤土"，所以"回家第一件事就是刷牙"！和田地区的人们除了吃沙，还面临喝水这个大问题，而且水质问题还带来更多的结石病患者。这里的生活和灌溉用水大多靠抽取地下水，县城虽有自来水供应，拧开水龙头，却时常流出浑浊的黄水。而县城附近的农民生活条件更差，只有靠打井来解决饮水问题。这就导致环境进入一个恶性循环，井打得越来越深，常常要到五六十米甚至上百米才有地下水，说明地下水位在严重下降，而且打井还在加剧这一问题。况且，深层地下水的水质也越来越咸。

经过千千万万年的适应和发展变化，沙漠地区上演着一幕又一幕关于人类文明兴衰消亡的故事。有的曾经灿若星空举世闻名，却还是遭到被一把黄沙掩埋了的最后结局；有的面临危机鸣响警钟，谁也难料还会上演怎样的奇迹。我们为古巴比伦文明和楼兰古文明的消亡歔歔嗟叹，也为沙漠中正在上演的种种奇迹满怀盼望。或许这就是历史，这就是现实，而我们需要铭记的却有很多很多……让本书来为你讲述几个故事吧。

第一个故事：古巴比伦文明的消失

作为与古中国、古埃及、古印度并称的世界上四大古文明之一、曾经无比辉煌的古巴比伦文明，却消失在历史前行的车轮下。感慨的同时，每个人都怀着疑问——它究竟是因为什么而消失的呢？它的消失与沙漠化是否有着紧密的关系呢？

古巴比伦在今天的伊拉克境内，位于阿拉伯半岛、小亚细亚半岛和伊朗高原之间。早在大约公元前19世纪，作为世界上最早的文明——美索不达米亚文明，就发源于底格里斯河和幼发拉底河之间的流域——苏美尔地区，因为美索不达米亚的希腊语意思是两河之间的土地，所以也叫两河文明。

曾经饮誉世界的两河文明，孕育出璀璨夺目的巴比伦文化。这片土地是脍炙人口的阿拉伯名著《一千零一夜》的诞生地，还有被列为世界奇观的巴比伦古城废墟和巴比伦"空中花园"遗迹。

作为人类古代文明的重要分支，古巴比伦文明历经了十多个世纪，直到公元前729年古巴比伦王国被亚述帝国吞并，才标志着古巴比伦文明的逐渐消亡。

但对于今天的人们来说，古巴比伦文明的消失依然是一个谜。目前存在有许多猜测：一部分考古学家认为，恶劣天气导致的土地沙化，使人类难以继续存活下去，文明也就慢慢衰败了；还有人将其归因于战争因素导致的消亡。而根据地理学家和生态学家的研究，古巴比伦文明的消失还有环境变迁方面的原因。他们认为：不合理的灌溉，古巴比伦人对森林的破坏，加之地中海气候的特点，使河道和灌溉沟渠淤塞。在这种情况下，人们就不得不重新开挖新的灌溉渠道，如此恶性循环，使得水越来越难以流入农田。更严重的是，古巴比伦人只知道引水灌溉，却不懂得排水洗田。由于缺乏排水，美索不达米亚平原的地下水位不断上升，给这片沃土罩上了一层又厚又白的"盐"外套。淤泥和土地的盐渍化，终于使古巴比伦葱绿的原野渐渐褪色，土地沙漠化的趋势愈演愈烈。如今，在伊拉克境内的古巴比伦遗址已是满目荒凉，就是这个历史教训的最好证明。

历史是在不断更替中前行的，人类文明有消亡就会有新生，再来看看下面这几个关于新生的故事吧。

第二个故事："沙漠中的绿洲"——阿布扎比

阿布扎比酋长国位于阿拉伯半岛的东北部、波斯湾沿岸的一个三角形岛上，由几个小岛组成。这片岛屿北临海湾，南接广袤无垠的大沙漠，只有在退潮的时候才与大陆相连。

阿布扎比酋长国是阿拉伯联合酋长国7个成员国中最大的一个，面积约67 340平方千米，占全国总面积的80%，人口约为159万，约占全国总人口的39%。此外它也是阿联酋重要的石油输出地。首都阿布扎比市同时是阿拉伯联合酋长国的首都和第一大城市。

阿布扎比坐落在阿拉伯半岛众多岛屿之中，尽管周围大部分地区都是沙漠，这里依然具有无穷的魅力。你可能想象不到，这里到处是宽阔干净的街道、美丽的公园和无穷无尽的绿树，是"金黄色沙漠中的绿洲"，成为沙漠

▲吐鲁番葡萄园

地区人类文明发展到新高度的象征和代表，为你的视觉提供了一幕又一幕流连忘返的精彩景观。

阿布扎比除了拥有上述的城市绿地建设之外，还有自己的城市公园、海滩、造价高昂的人工滑雪场等娱乐休闲设施，有波斯湾潜水旅游体验、民俗传统骆驼比赛等娱乐项目。在这里，你可以找到罗列着高档名牌商品的世界级购物中心，稀奇古怪的波斯古玩商店等商业设施，还可以看到以一些古城堡为代表的历史遗迹。

此外，阿布扎比还有相当数量的旅游业相关工程项目正在建设中，其

▲撒哈拉沙漠生活即景

中最引人注目的是阿布扎比最大的私人承建项目，耗资10亿迪拉姆的高层建筑——集商务、住宅和娱乐设施为一体的阿布扎比商务中心。该中心由一座20层的塔楼构成，竣工之后会成为阿布扎比的又一大奢华体验景点。阿布扎比的另一个重要旅游发展计划是把阿布扎比市附

近的一个小岛建成主题公园。

第三个故事：世界第一高楼——迪拜塔

阿联酋是世界上著名的石油输出国，也因此发展成为世界上最富裕的国家之一。阿布扎比酋长国输出的石油换来的巨额财富与其他六个酋长国之间共同分享，使得以迪拜为代表的众多城市呈现出一派现代化面貌。如今的迪拜就好比上海在中国的位置，成为除首都阿布扎比之外阿联酋最著名的城市之一。

哈利法塔原名迪拜塔，又称迪拜大厦或比斯迪拜塔，是位于阿拉伯联合酋长国迪拜市的一栋摩天大楼。迪拜塔由芝加哥公司的美国建筑师阿德里

安·史密斯设计，韩国三星公司负责营造，工程于2004年9月21日开始动工，2010年1月4日竣工启用，并同时正式更名为哈利法塔。迪拜塔在建筑设计上采用了一种具有挑战性的单式结构，由连为一体的管状多塔组成，具有太空时代风格的外形，而基座周围采用了富有伊斯兰建筑风格的几何图形——六瓣的沙漠之花。迪拜塔共计206层，总高828米，是目前世界上最高的大楼，足足比第二大楼——台北的国际金融中心大楼高出320米。塔内设有住宅、办公室和豪华酒店，预期能容纳1.2万人。发展商的希望是将塔塑造成"自给自足"的群体，让住户足不出塔，便可解决一切生活需要。

令哈利法塔长留建筑史上的不仅是它的高度，还有它"分量十足"的建筑材料和设备，这为世界建筑科技掀开了新的一页。为巩固建筑物结构，哈利法塔总共使用了33万立方米混凝土、3.9万吨钢材及14.2万平方米玻璃，而且史无前例地把混凝土垂直泵上达460米的地方，打破了台北101大厦建造时448米的纪录。大厦根据需要还配备了先进的运输设备，包括56部升降机，速度最高达每秒17.4米，以及双层的观光升降机，每次最多可载42人。迪拜塔光是大厦本身的修建就耗资至少10亿美元，这还不包括其内部大型购物中心、湖泊和稍矮的塔楼群的修筑费用。修建哈利法塔，共调用了大约4 000名工人和100台起重机。

建成之后，它不仅是世界第一高楼，还是世界最高建筑。"迪拜拒绝平凡，渴望建造一座世界的地标性建筑，这将是人类一项无与伦比的伟大成就。"这一句话是对迪拜塔的最高评价。

第四个故事：坎儿井

吐鲁番盆地位于欧亚大陆中心，是天山东部的一个典型封闭式内陆盆地。由于距离海洋较远，且周围高山环绕，加以盆地窄小低洼，潮湿气候难以浸入，降雨量很少，蒸发量又极大，气候极为酷热，自古就有"火州"之称。

其实"火州"也有水。只是这水从天上流入地下，如何才能为人们所用是个问题。

吐鲁番盆地北部的博格达山和西部的喀拉乌成山都有积雪，春夏时节有大量融化的积雪水、冰川水和雨水流下山谷，潜入戈壁滩下。

　　如何利用这遁入地下的天山来水呢？新疆人利用山的坡度，巧妙地创造出了坎儿井，引地下潜流灌溉农田。坎儿井的存在使得流水不会因为炎热、狂风而大量蒸发，因而流量稳定，保证了自流灌溉。

　　据考证，早在春秋时代，此地的先民就开始在距离地面100多米处挖掘"坎儿井"。而他们依靠的挖井工具仅仅是砍土曼、红柳筐和麻绳。聪明的古人，懂得利用镜子的反光，为地下挖渠作定向。暗渠利用自然斜坡，无需动力，渠水自流。

　　目前，近千条的坎儿井滋养着吐鲁番50万亩的葡萄园，使得这里年产60多万吨优质葡萄和瓜果，远销全国各地及海外。另外，"坎儿井"的水在暗渠和明渠及涝坝中流动时，约有40%的水回归土地，形成自然循环。所以，这水不仅养育我们人类，还养育着戈壁上的红柳、骆驼草、野兔、野鼠等野生动植物，塑造出一幅自然和谐的图景。因此，在某种程度上说，"坎儿井"应该被称为河。在吐鲁番，那些叫"坎儿井"的河是最伟大的奇迹，配得起与长城、京杭大运河齐名。

　　但是，今天情况令人忧虑，"坎儿井"面临着严重危机。由于天山降雪减少，地下水位下降，人类生活和生产的用水量却一直在增长，为了满足人类用水的需要，机井越打越多，越打越深。吐鲁番地区有1 000多眼机井，提供70%以上的城市用水。再加上发电厂和油田等用水大户，打更深的机井抽取地下水，这些都严重地影响了坎儿井的水源供应。

　　如果因为我们人类自身的原因而造成坎儿井断流、干涸，那不但会影响吐鲁番的瓜果生产，更会严重影响在这里生活的众多野生动植物。这绝对不是耸人听闻，正如吐鲁番盆地环境部门报告中所指出的："1957年，吐鲁番地区的坎儿井有1 237条，而到2003年只剩下404条。本地已没有1 000年历史的井，现在有水的井，最早是400多年前的。现在每年约有23条坎儿井断流，情况十分危险。如果不重视整体保护，再过25年，吐鲁番盆地的全部坎儿井都将干枯。"

　　假若不采取有效措施，当地的自然环境究竟会变得怎样仍不可预知，但必然是一场巨大的灾难！而这个人类在沙漠地区创造的奇迹也将会永远消失。

三

中国沙漠知多少

如果说前面的内容是在为这一部分内容作铺垫的话，那么值得我们期待的也就是这一部分最核心的内容了。

在这里我们将要首先了解中国沙漠的一些最基本信息，包括中国沙漠的面积、分布、类型、基本成因等，其次就是主要了解我国最主要的一些沙漠的相关情况。

在你阅读这一部分内容的时候，你可以放松自己的心情，因为它完全可以作为一本关于我国沙漠旅游的完全指导手册呢。说到这里，你是不是已经迫不及待了呢？那么还等什么呢，接下来就开始吧。

中国沙漠基本信息

中国沙漠在哪里？

下面是描述中国沙漠分布状况的具体数字：

如果把中国的沙漠面积，包括戈壁及半干旱地区的沙地进行统计的话，总面积达到了130.8万平方千米，约占全国土地总面积的13.6%。其中沙质荒漠占45.3%，沙地占11.2%，戈壁占43.5%。而在沙质荒漠及沙地面积中，流动沙丘占62.4%，半固定、固定沙丘占33.6%，风蚀地占4%。

中国有这么多的沙漠，那它们主要分布在哪些地方呢？从地图上可以看出，我国沙漠分布很集中，而且大多数深居在中国内陆地区。具体地说，主要集中在乌鞘岭——贺兰山一线以西地区，这里的沙漠和戈壁加起来占全国的90%。

中国沙漠的数量很多，大小不一，大家听过的大概有塔克拉玛干沙漠、古尔班通古特沙漠、巴丹吉林的沙漠、腾格里沙漠、柴达木沙漠等等。在这些沙漠中，除准噶尔盆地的古尔班通古特沙漠的组成为固定、半固定沙丘外，绝大部分以流动沙丘为主。

知识链接 ⌄

我国主要大沙漠的分布面积

沙漠名称	面积(万平方千米)
塔克拉玛干沙漠	33.76
古尔班通古特沙漠	4.88
库姆塔格沙漠	2.28
柴达木盆地沙漠	3.49
巴丹吉林沙漠	4.43
乌兰布和沙漠	0.99
库布其沙漠	1.61

中国沙漠是怎样形成的?

前面已经为大家介绍了影响中国沙漠分布的主力军——季风,这里为了帮助大家更全面地理解我国沙漠形成的原因,再补充一些其他力量的影响,或许没有季风那么显著,但也是不可或缺的因素。

首先,谈到沙漠,就不能忽略气候和水文。我国的沙漠分布区都是非常干燥的地方,而且年降水量按照自东向西的趋势逐步减少。对比下面的数据,可以清楚地看到这一点——在东部沙区,年降水量还是三位数,可以达到250毫米~500毫米,到了内蒙古中部及宁夏一带沙区,降水量在150毫米~250毫米之间,大约减少了50%,等到阿拉善地区和新疆的沙区,就都在150毫米以下,其中塔克拉玛干沙漠东部和中部更是少得惊人,全年竟然不到25毫米。

沙漠不仅很少下雨,也很少有河流,除若干过境河流和以高山冰雪补给为主的河流注入,基本上没有由当地地表径流所形成的河流。同时,沙漠地区日照充沛,几乎永远是阳光灿烂的日子,全年日照时间可以达到2500小时~3000小时,蒸发量很大,所以我国的沙漠非常干燥。

除了水文之外,地势也是沙漠形成的推手之一。高大的青藏高原及其周围一些山地的隆起成为季风吹越的严重障碍,湿润水汽难以到达西北内陆地区,从而形成了干燥少雨的气候环境。再加上一些山间盆地中大量疏松的不同成因类型的沙质沉积物,又为沙漠的形成提供了物质基础,在风力吹蚀、搬运和堆积作用下逐渐形成覆盖地表的沙漠。

另外关于沙漠的成因还有一些其他的观点,在漫长的地质时期,由于环境的变迁,经过多次反复而不断加强的沙漠化的作用,在我国北方形成了分布广泛、沙丘巨大的沙漠区。这其中影响最大的地质时期是第四纪时期——我国的沙漠主要形成的时期。

当时,全球性气候趋于干冷,洋面大幅度下降,古海岸最远退至现代大陆架的外缘,使我国北部,尤其是西北地区的内陆干旱气候得到进一步加强,造成大量湖泊消亡,河流干涸。加上干旱多风和富沙的条件,这一时期,塔里木、准噶尔盆地、祁连山以北、贺兰山附近、鄂尔多斯高原、内蒙古高原东南部、西辽河及呼伦贝尔高原等地,都形成了大面积沙质荒漠景观。风沙充斥盆地，泛布高原，甚至见于裸露的陆架之上，在数百万年后，演变为今日沙波浩渺的沙漠景观。

说了这么多原因，我们是不是忽略了一个重要的角色——人类？

我们怎么能忘了自己的所作所为呢？人类活动遍布全球，不管是创造性的或是破坏性的，都留下了不可忽略的痕迹。在这里我们有必要特别关注一下人为活动对沙漠形成和扩大的影响，尤其在一些沙漠边缘和半干旱的草原地带沙地形成过程中，这种影响是非常显著的。

在草原地带的不合理利用土地，例如过度开垦农田，不受约束地放牧牛羊，都严重地破坏了植被，最终导致黄沙蔽日的悲剧。而在干旱荒漠地带的一些大沙漠边缘，或深入到沙漠中的河流下游流沙景观的形成，则往往与

宙	代	纪	世	距今年数	生物的进化	
显生宙	新生代	第四纪	全新世	1万		人类时代 现代动物 现代植物
			更新世	200万		
		第三纪	上新世	600万		被子植物和兽类时代
			中新世	2200万		
			渐新世	3800万		
			始新世	5500万		
			古新世	6500万		
	中生代	白垩纪		1.37亿		裸子植物和爬行动物时代
		侏罗纪		1.95亿		
		三迭纪		2.30亿		
	古生代	二迭纪		2.85亿		蕨类和两栖类时代
		石炭纪		3.50亿		
		泥盆纪		4.05亿		裸蕨植物鱼类时代
		志留纪		4.40亿		
		奥陶纪		5.00亿		真核藻类和无脊椎动物时代
		寒武纪		6.00亿		
隐生宙	元古	震旦纪		13.0亿		
				19.0亿		细菌藻类时代
				34.0亿		
	太古			46.0亿	地球形成与化学进化期	
				>50亿	太阳系行星系统形成期	

▲地质年代表

上、中游人类大量用水，导致水量减少，造成下游绿洲的废弃有关。在历史上沙区存在过若干著名的古城——楼兰成为反映人类历史时期以来沙漠变化情况的代表和最好的例证。

中国沙漠的类型和基本特征

关于我国沙漠的类型划分有多种不同的依据，依据不同，划分的类型就不同，各种类型沙漠的具体特征也就不同。本书为读者们介绍两种划分沙漠的基本的划分办法。

第一种：根据沙丘的移动速度进行划分。

为什么选择沙丘作为划分标注呢？

因为沙丘是沙漠地表中最基本的形态。它既是干旱气候条件下风和沙质地表相互作用的产物，又受到地面起伏、沙源物质供应情况和水分植被条件等因素的综合影响。这些因素因地而异，由此形成各种不同的沙丘形态。具体地，根据沙丘移动速度，中国沙漠地区可以划分为三种类型：

1. 慢速类型。这种类型的沙漠，每年沙丘随风向往前移动的距离不到5米，像塔克拉玛干沙漠、巴丹吉林沙漠和腾格里沙漠的大部分都是这一类型。

2. 中速类型。这种类型的沙漠，每年沙丘随风向往前移动的距离在5米~10米，包括塔克拉玛干沙漠的西、南、东南边缘，毛乌素沙地的东南与腾格里沙漠的边缘等。

③快速类型。这种类型的沙漠，每年沙丘随风向往前移动的距离在10米以上，包括塔克拉玛干沙漠南部绿洲边

▲甘肃弱水景观

缘、河西走廊的绿洲边缘等。

第二种：根据自然地带进行划分。

在大家的印象中，沙漠都是千篇一律的黄色，怎么能根据自然地带来划分呢？

其实不然。沙漠虽然主要是由沙粒构成，但根据分布的自然地带不同，所处的自然条件不同，各个沙漠的特征也表现出明显的地域差异。

以沙丘的植被固定程度为例，贺兰山以西的干旱荒漠地带，准噶尔盆地比较特殊，那里降雨稍多，植被较好，沙漠中大部分为固定和半固定沙丘，除此之外的沙漠都以流动沙丘占绝对优势；而内蒙古东部和东北平原西部干草原地带的沙地，则以固定和半固定沙丘为主，流动沙丘只零星分布在沙漠边缘植被被破坏的地方。概括地说，我国沙漠按照自西向东的分布，表现为流动沙丘逐渐减少，固定、半固定沙丘逐渐增多。

具体地来说，各分布区域的沙漠特征如下：

1. 东北地区西部与内蒙古东部的沙地，包括呼伦贝尔、科尔沁、浑善达克及松嫩地区的零星沙丘等。这里算得上是相对湿润的沙漠，年降水量在200毫米~400毫米之间，有时甚至可达500多毫米。受到这样的"特殊照顾"，这里的植物生长良好，除草本灌木外，还有乔

知识链接 ⊘

"弱水"是虚弱的水吗？听起来是不是有点望文生义，但这的确是它名称的由来。这是怎么回事呢？

古时候，许多浅而湍急的河流不能航行舟船，而只能用皮筏过渡，当时的人认为是由于水羸弱所以不能载舟，于是就把这样的河流称之为弱水。在古书如《山海经》、《十洲记》中，记载了许多并非同一河流而相同名称的弱水，有些称谓流传到现在还在使用，比如甘肃省还有一条弱水河。在大家熟悉的《西游记》中，第二十二回唐三藏收沙僧时，有诗描述流沙河的险要：八百流沙界，三千弱水深，鹅毛飘不起，芦花定底沉。后来的古文学中逐渐用弱水来泛指险而遥远的河流，比如苏轼的《金山妙高台》中就吟道："蓬莱不可到，弱水三万里。"到现在弱水引申为爱河情海，"弱水三千，只取一瓢饮"，说的就是对爱情的专一。

木生长。这些地区绝大部分是固定、半固定沙丘，流沙仅作小面积的斑点状分布，而且其形成原因主要是由于脆弱的半干旱生态系统受到人类不合理活动破坏植被所造成。

如果大家前往北京北面200多千米的内蒙古浑善达克沙地，很可能会在沙地中见到樟子松、榆树、桦树等等。为什么沙地里能长树呢？因为在这里雨水可以迅速地渗入沙层，储存在地下，而树根恰好可以利用沙地深处的地下水，从而在一片黄色中伸展出翠绿的枝叶。

2. 鄂尔多斯沙地。这种沙地主要分布在河套以南，长城以北，包括库布其及毛乌素两片沙地，宁夏河东沙地也在本区范围内。区内流动沙丘与固定、半固定沙丘相互交错分布，还有不少下湿滩地、河谷和柳湾林地。历史上长期不合理的土地利用是造成流沙发展的主要原因。

3. 阿拉善地区的沙漠。此区域广阔，包括河西走廊以北，中国和蒙古国国境线以南，新疆维吾尔自治区以东，贺兰山以西的大片地区。该区景观的最大特征是裸露的流沙沙丘与戈壁低山相间分布，但具体各地又有不同，形态非常丰富。

弱水以西以戈壁和剥蚀山地残丘为主，弱水与雅布赖山之间则是巴丹吉林沙漠。这里沙丘高大，一般海拔在200米~300米，是中国沙丘最高大的沙

▲阿拉善地区沙漠景观

▲梭梭

漠，它的东南部还有不少湖盆散落其间。雅布赖山与石羊河下游以东、贺兰山以西的广大地区为腾格里沙漠，呈现流动沙丘与湖盆相间分布的特色。狼山与黄河之间为乌兰布和沙漠。河西走廊的沙漠又与其他地方的不同，主要是零星分布在绿洲附近的沙丘——这是不是跟你原来对沙漠的单调认识很不同。

4. 柴达木盆地的沙漠。这里位于青海省的西北部，是中国沙丘分布地势最高的地区，一般海拔在2 000米~2 400米之间。区域内沙丘分布零散，与戈壁、盐湖、盐土平原等地貌相交错。主要的风成地貌为风蚀地貌，由风蚀凹地与风蚀土丘所组成，占风成地貌面积的67%。

5. 新疆东部的沙漠戈壁。它是中国极端干旱地区之一，年雨量仅有10毫米~30毫米，以剥蚀残丘、低山、戈壁与风蚀地沙丘、盐土平原相互交错分布为景观特色。

6. 准噶尔盆地的沙漠。除盆地中央为古尔班通古特沙漠外，还有一些沙漠零星分布在额尔齐斯河下游及艾比湖以西一带。沙漠边缘为洪积、冲积戈壁，西北部则以剥蚀戈壁为主，在古尔班通古特沙漠中则以固定、半固定沙

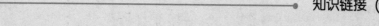

梭梭又叫琐琐，属于小乔木，有时也呈灌木状，它没有明显的年轮和树皮，与风沙的长期搏斗，使树形特异多姿。为了适应干旱环境，梭梭根系发达，毛根可深达地下10米，侧根还分作上、下两层，以备随时吸水，叶退化为细长圆棍，外面包有胶质，能有效地避免蒸发。这些精良的"装备"，让梭梭具有极强的生命力，即使常年经受烈日的烘烤和狂风的撕扯，却执著地吸取着大地的精华一点点地蔓延出生命的绿色。

梭梭是温带荒漠中生物产量最高的植被类型之一，优点多得都数不过来，它既能耐旱，又能耐寒，还能抗盐碱。不仅如此，它的作用还包括防风固沙，遏制土地沙化，改良土壤，恢复植被，使周边沙化草原得到保护，在维护生态平衡上起着不可比拟的作用。对于人类活动，梭梭是优良的薪炭材，因为材质坚硬而脆，易燃且产热量高，火力为木材之首，只比煤稍微差一点，堪称"荒漠活煤"。

在干旱的沙漠，梭梭的枝叶上依然有着青绿得可以掐出水分的枝叶。只要在红柳生长的地方，就会有伴生的梭梭；而红柳无法生存的地方，梭梭也能够生存，梭梭比红柳更能抗旱碱。因此，人们把红柳比作沙漠"美女"，而把梭梭比喻为沙漠"美男子"——风来吹不倒，沙来难摧折，这就是梭梭，伟大的沙漠植物。

丘为主，主要生长着梭梭。

7. 塔里木盆地的沙漠。它是中国沙漠分布面积最广的地区，也是中国沙漠热量资源最丰富的地区，自然景观在盆地内呈显著的环状分布特征：盆地中心是塔克拉玛干沙漠，沙漠以流沙占绝对优势，约占沙漠面积的85％，大多是高大的复合型沙丘，一般海拔为100米~150米，其中高50米以上的沙丘占流沙面积的50%。固定、半固定的灌丛沙堆分布在沙漠边缘地区。沙漠内部河流沿岸及沙漠边缘洪积、冲积扇前缘还分布有以胡杨、柽柳为主的天然植被带，形成沙漠中的绿洲。

在前往沙漠之前，大家或许很想知道，在沙漠里，到底有哪些景观值得一看呢？让我们走进中国茫茫的沙海，去做一番别具风味的旅行。

中国沙漠旅游看什么?

沙漠，对于许多久居城市，或非干旱地区的游人，是一种从未见过的神奇景象，高大的沙丘、起伏的沙垄、雷鸣般的沙响、奇异多姿的风城……这一切不是梦，却闪耀着斑斓的梦幻色泽。

近年来，我国沙漠生态旅游日益受到人们的青睐，去沙漠游览，主要有四个方面值得一看。

▲沙坡头，风神雕塑

1. 沙漠自然景观游

站在沙漠中，放眼四望：沙丘、沙垅、沙山是最常见的自然景观，被风塑造成各种各样的形貌；植被稀少的沙地里，胡杨等沙漠特有植物在一望无际的黄色中显得特别高大；如果足够幸运的话，大家还可能见到沙漠中的海市蜃楼，绝对能够满足你对仙境的幻想。

除了纯自然的景观，在沙漠中开发出的半人工景观也独具一格。这些沙漠旅游区的建立，给荒寂的沙漠景观中注入了生机和活力。

例如，宁夏沙漠旅游的最大特色是沙水合一。宁夏把自己2000多年的灌溉历史作为文化背景，将塞上水乡与大漠风光交织在一起，形成了独特的风景线。宁夏鱼湖沙地、沙湖、腾格里沙漠与黄河等景观，就是沙水合一的天然杰作。

还有内蒙古阿拉善盟建成的沙漠国家地质公园，以沙漠、戈壁为主要景观，同时融合蒙古族的草原文化。新疆也在准噶尔盆地的古尔班通古特沙漠的南缘建立了新疆驼铃梦坡沙漠公园。

2. 沙漠改造工程游

我国长期以来一直在对沙漠进行治理，修建了许多沙漠改造工程，这些以防沙、治沙为目的的生态工程，目前也成为沙漠旅游中的一个亮点。

▲高昌故城遗址

我国将治沙与沙漠旅游结合得最好的是宁夏中卫沙坡头自然保护区，这片保护区临水而建，利用成熟的治沙技术，在沙漠中开辟出了一片人工绿洲。葱葱绿洲与茫茫沙漠毗邻而居，游客在保护区内享受治沙成果的同时，也加深了生态保护意识。

3. 沙漠考察探险游

沙漠内的新月形沙丘、沙链、沙垄、沙波纹等风蚀地貌，以及各种风成象形石等，对于研究沙漠的学者有着独特的吸引力。因此，增长知识、开展科学研究的沙漠考察游也开始成为一项旅游项目。

在那些喜欢刺激和探险的游客眼中，沙漠徒步穿越、自驾越野车、沙漠生存挑战等探险项目，有着难以抗拒的吸引力，如果你喜欢心跳加快的户外挑战，沙漠探险绝对是不错的选择。

4. 沙漠人文景观游

许多沙漠地区曾经都是历史上的重镇，或是人来人往的交通要道，这些古代的繁华之地，现在统统都掩埋在滚滚黄沙之下。而沙漠中少数幸存的遗迹，以神秘的色彩，吸引着游人的目光。

我国西部沿戈壁滩和沙漠蜿蜒曲折的古代"丝绸之路"，已成为现代旅游的一条魅力热线。

中国的主要沙漠

前面已经告诉大家，中国的沙漠数目众多，总面积超过了国土的1/10。

在这些形态各异的沙漠中，有八大主要沙漠和四大主要沙地，它们就是塔克拉玛干沙漠、古尔班通古特沙漠、巴丹吉林沙漠、腾格里沙漠、柴达木盆地沙漠、库姆塔格沙漠、库布其沙漠、乌兰布和沙漠和科尔沁沙地、毛乌素沙地、浑善达克沙地、呼伦贝尔沙地。

为什么主角还分成了沙漠和沙地两派呢？因为根据科学家的分类，干旱区的流沙堆积称为沙漠，半干旱区的流沙堆积称为沙地。

是不是等不及了，下面好戏就要上场了！

"死亡之海"——塔克拉玛干沙漠

当地有一个传说：在很久以前，人们渴望能引来天山和昆仑山上的雪水，来浇灌干旱的塔里木盆地。一位慈善的神仙有两件宝贝，一件是金斧子，一件是金钥匙。神仙被百姓的真诚所感动，把金斧子交给了哈萨克族人，用来劈开阿尔泰山，引来清清的雪水。他想把金钥匙交给维吾尔族人，让他们打开塔里木盆地的宝库，不幸金钥匙被神仙的小女儿玛格萨丢失了，从此盆地中央就成了塔克拉玛干沙漠。

有关塔克拉玛干沙漠的神秘面纱，我们即将揭开……

◆分布面积

塔克拉玛干沙漠位于新疆天山以南的塔里木盆地，整个沙漠东西长约1 000千米，南北宽约400千米，总面积337 600平方千米，是中国境内最大的沙漠，同时也是世界上第二大流动沙漠，排在阿拉伯半岛的鲁卜哈利沙漠后面。后者的沙漠面积达到650 000平方千米，几乎是塔克拉玛干的两倍。不过，塔克拉玛干以85%的流动沙丘占总面积的比例，远远领先于鲁卜哈利沙漠。

◆地势地貌

从海拔高度上看，塔克拉玛干沙漠在西部和南部海拔高达1 200米~1 500

米，在东部和北部则为800米~1 000米。数条小山脉和山链由6 640万~160万年以前的砂岩和黏土形成，隆起于沙漠西部。

从地貌上看，塔克拉玛干沙漠的侧翼是雄伟的山脉——天山在北面，昆仑山在南面，帕米尔高原在西面。东面逐渐过渡，直到罗布泊沼盆，在南面和西面，在沙漠和山脉之间，则是由卵石碎屑沉积物构成的一片坡形沙漠低地。

塔克拉玛干沙丘高大，一般在100米~200米，最高可达300米左右。沙漠的地表是由几百米厚的松散冲积物形成的，这些物质受到西北和北风两个盛行风向的交叉影响，风沙活动频繁而剧烈。在这样的风力作用下，形成的地形特征多种多样。大家可以见到各种形状与大小的沙丘：有复合型沙山和沙垄，宛如憩息在大地上的条条巨龙；有新月形、长条状、金字塔形、蜂窝状、羽毛状、鱼鳞状等沙丘形态，犹如一曲宏伟而变幻莫测的交响乐；沙漠中还有两座红白分明的高大沙丘，名为"圣墓山"，它是分别由红砂岩和白石膏构成的沉积岩露出地面后形成的。"圣墓山"上的风蚀蘑菇，奇特壮观，高约5米，巨大的盖下可容纳10余人。

据测算，低矮的沙丘每年可移动约20米。按照这样的速度，近一千年来，整个沙漠向南伸延了约100千米！这使得塔克拉玛干沙漠流动沙丘的范围越来越大。

▲风蚀蘑菇

◆气候状况

塔克拉玛干沙漠属于暖温带干旱沙漠气候，气候条件极为干旱炎热，全年降水较少，气温日较差和年较差较大，属于典型的大陆性特征。这里有一组具体数据，可以帮助我们详细了解塔克拉玛干的气候特点。

白天，塔克拉玛干沙漠烈日炎炎，银沙刺眼，沙面温度有时高达70℃~80℃，蒸发极为旺盛。

夜里，沙漠温度急剧下降，昼夜温差可以达到40℃以上。

夏季，沙漠酷热难耐，最高温度有过67.2℃的纪录。

冬季，沙漠寒冷异常，最低温度在-20℃以下，气温年较差很大。

沙漠的年平均蒸发量，可以达到2 500毫米~3 400毫米；与此同时，沙漠的年均降水量却只有25毫米~50毫米，最多的时候也不超过100毫米，有的地方甚至只有5毫米。这相对于四位数的蒸发量来说，简直是"杯水车薪"！蒸发量大大超过了降水量，使得这里的气候极端干燥。

一年中，塔克拉玛干有三分之一是风沙日，大风风速每秒达300米，比汽车还快得多。强烈的大风不但加剧了水分的蒸发和消散，而且加剧了这里流动沙丘的移动速度，扩大了干旱气候的影响范围，甚至还会引起沙尘暴天气。特别在春季，当地表沙子变暖时，上升气流加剧，东北风特别强烈，在此期间，强飓风尘暴常常发生，使大气充满沙尘，可高达海拔3900多米的上空中。

◆水文状况

这里干旱少雨的气候环境，再加上地表蒸发旺盛，降雨对于滋润沙漠微不足道，使得塔克拉玛干沙漠河流较少。但是，因为沙漠周围有高山冰川，每年夏季来临，山上的冰雪融化，汇入千万道沟壑，形成一条条季节性河流。

最令人不可思议的是，作为干旱代名词的大沙漠，塔克拉玛干沙漠的地下并不缺水。

▲星状沙丘

据有关科学考察资料介绍，整个塔克拉玛干大沙漠的下面几乎就是一个大型地下水库，初步探明储存水资源360亿立方米，几乎接近三峡水库的库容，有不少地方甚至还能找到可以直接饮用的地下淡水。据说前几年石油勘探工作者在沙漠腹地勘探油田时，有时就是在低矮处直接挖坑取水使用，而且水位较高，不少地方距地表不到2米。还有资料形容，如果把塔克拉玛干的沙子和地下水对换一下，让水到沙子上面来，那就是一个深24米、方圆32万平方千米的超大湖泊，足以装得下2个山东或3个江苏或54个上海。

这是怎么回事呢？

科学家推测，由于塔克拉玛干大沙漠所处的塔里木盆地是一个内流水系盆地，从周围山脉而来的全部径流，都聚集到盆地自身之中，在大漠下面汇聚形成了一个浩瀚的地下海洋。

◆生物状况

沙漠显然是不太合适生物居住的，虽然不乏乐于挑战的勇敢者，但总体上说，物种比较稀缺。塔克拉玛干沙漠也不例外，这里只有73种高等植物，动物稍多些，大约有272种。

整个沙漠地区植物稀少，缺乏覆盖，虽然可以见到红柳、梭梭等绿色生命，但是厚厚的流沙层阻碍了它们的扩散，很难形成大片树林。只有在沙漠边缘，也就是沙丘与河谷及三角洲交汇的地区，植物种类相对多些，可以见到胡杨、胡颓子、骆驼刺、蒺藜及猪毛菜等。

动物也更乐意住在沙漠边缘地区，或者是有水草的河谷及三角洲地区。在开阔地带可见成群的羚羊，在河谷灌木丛中有野猪，稀有动物包括栖息在塔里木河谷的西伯利亚鹿与野骆驼。

◆旅游资源

处在欧亚大陆中心的这片沙漠，四面高山环绕，地表形态多样，气候干旱恶劣，加上尚存的少数湖泊，沙海中的点点绿洲，潜行的河流，特别是深埋在黄沙之下的丝路遗址和远古村落，一切都充满了奇幻的色彩，仿佛笼罩在迷雾之中，正等着你去探寻。

这个独一无二的世界，吸引着世界上众多的探险爱

▲鱼鳞状沙丘

好者和旅游爱好者，大家像是受到诱惑一般，纷纷前去一探究竟。我们把这类活动统一称之为"穿越塔克拉玛干"。

严格地说，穿越塔克拉玛干的定义，不是坐车途经轮台到民丰的500千米沙漠公路，而是以于田或墨玉为一点、以阿克苏为另一点的探险意义上的穿越。习惯上，大多数人会采用由南向北的线路安排，即顺着水的流向行进。

由于这里严酷的自然环境，对于喜欢探险和旅行的人来说，没有充足的准备恐怕很难完成穿越的"壮举"。就拿穿越塔克拉玛干的时机来说，最佳时机是从每年的秋天到第二年的春天这一段时间，尤其是每年10月下旬到11月中旬这20天左右的时间最好。原因有两个：一是因为此时是塔克拉玛干沙尘暴较少的季节，各种蚊虫也少，枯河床成了行车大道；二是因为此时塔里木盆地的胡杨树叶非常张扬地变成一片金黄，沿河行走，看着宽大的金色丝带缠绕大地，从天际延伸过来，又蜿蜒消逝到天的另一尽头，大概是一辈子无法忘怀的体验。

◆人类活动

塔克拉玛干沙漠以流动沙丘为主，但那里真的只有茫茫流沙而毫无人烟吗？

也不尽然。虽然塔克拉玛干沙漠并没有固定的人口居住，但猎人们还是会定时造访这里。而且，在深入沙漠内部的河流沿岸，在沙漠边缘

知识链接 ▽

塔克拉玛干名称的由来

有人说"塔克拉玛干"在维吾尔语中是"死亡之海"的意思，也有人说，"塔克拉玛干"是波斯语，意思是"就连无叶小树也不能生长"。

上面的说法是错误的。在塔克拉玛干周边地区生活的人说，维吾尔语中，"塔克"是山的意思，"拉玛干"的准确翻译应该是"大荒漠"，引申为"广阔"的意思，"塔克拉玛干"就是"山下面的大荒漠"。

那么"死亡之海"这个词的由来是怎样的呢？它是瑞典人斯文·赫定提出来的。探险家斯文·赫定进入塔克拉玛干沙漠曾说了一句代表他心声的话："从没有哪个白人的脚触到大地的这部分，到这我都是头一份。"他俨然一副征服者的姿态，自感是沙漠里的君王。在接下来的探险中，他的探险队却几乎全军覆灭，最后仅剩他一人和两名助手狼狈地爬到和田河干涸的河道，偶遇一泓泉水救了他的命。劫后余生的赫定给了塔克拉玛干"死亡之海"这个名字。

的洪积、冲积扇前缘地带，有着大面积的荒地，生长着茂密的天然胡杨林和红柳灌丛，渲染出绿洲的生命气息。

浩瀚沙漠中星罗棋布的古城遗址，证明了在时光长河中，这里也曾经有人类活动的印记。例如尼雅遗址，出土了东汉时期的印花棉布和刺绣，让你不禁猜测那时候的人们是如何穿着打扮的。

近代的科学考

知识链接 ⌄

塔里木河

塔里木河是中国第一大内陆河，全长2179千米，它由叶尔羌河、和田河、阿克苏河等汇合而成。

在地图上看，塔里木河干流自西向东蜿蜒于塔里木盆地北部，继而折向东南，穿过塔克拉玛干沙漠东部，最后注入台特玛湖。流域面积达19.8万平方千米。

塔里木河流域气候极端干旱，可以想象整个生态体系对于塔里木河是多么依赖，可以说是伴河而生、伴河而盛。在这片黄沙中，沿塔里木河干流两岸，形成了连续不断、宽窄不一的条状植被带，带来一抹飘逸的绿色。

塔里木河下游恰拉至台特玛湖的条状植被带，更是抵御着沙漠对绿洲的侵噬，保护绿洲安全，被人们称之为"绿色走廊"。这片绿色是新疆与内地联系的通道，具有重要的经济和社会意义，更是生命活力的通道，具有珍贵的生态价值。

▲塔里木河

察也为塔克拉玛干沙漠揭开了新的一页，证明这里并不是"生命禁区"，而是一片有着独特价值的土地。科学考察发现这里的沙层下有丰富的地下水资源和矿藏资源，而且很利于开发。20世纪50年代，科学家在沙漠北缘库尔勒附近发现了石油资源，到了20世纪80年代，沙漠南缘发现了更大的油矿。

尽管在沙漠中要面对极端困难的工作条件，还要为此付出不菲的代

▲中卫沙坡头

价，但人类从来不会轻易放弃，目前对这些地区的开发已在进行当中了。上世纪90年代末，我国为开发塔里木盆地的石油资源及推动南疆经济发展，还在这里修建了穿越沙漠的公路。

随着我国西部大开发政策的日益实施，相信塔克

知识链接 ⊘

沙丘表情

沙漠是沙的海洋，却并非一片毫无生气的死寂，因为沙是可随意塑造的材料，而风又是才华横溢的设计师。风在沙漠的面庞上画出最为灵动多变的表情，这就是沙丘。

一说起沙丘，一座弯弯的沙山便如新月挂在我们的脑海。新月形沙丘是沙漠中最常见、也是经典的一类，它像一弯新月，像一张笑意盈盈的嘴。

当新月形沙丘在一个主要风向作用下，密集地成群分布，看起来就像是层层迭置的鱼鳞。对！这样的沙丘群就叫鱼鳞状沙丘，也叫"迭瓦状沙丘"。从高空看，前一个沙丘的迎风坡的坡脚，就是后一个沙丘背风坡的坡麓，整个沙丘群体具有与主风向一致的弯曲的纵向沙丘的形态特征。

在浩瀚的沙海中，散落着一颗颗明亮的珍珠，这些便是穹状沙丘，又叫圆状沙丘。完整的穹状沙丘像个圆形屋顶，比较少见，它们一般更喜欢凌乱不规则地孤立分布，有时也相连。

穹状沙丘两侧的斜坡比较对称，次一级沙丘层层叠置其上，没有明显高大的斜坡，长、宽大致相等。从地面看起来，有的还真像埋在沙中的圆馒头。

还有些星星坠落在塔克拉玛干沙漠南边，它们就是星状沙丘，又称金字塔形沙丘。金字塔形沙丘是具有明显棱面的高大沙丘，每个沙丘有3~4个棱面，最多可达6个，整体高度有100米以上。

沙丘的每一个棱面常代表一种风向，星状沙丘发育的条件就是，有几个方向风的作用，且各个方向的风力都相差不大。

塔克拉玛干沙漠公路，位于我国新疆，它从1993开始修建，2年后就横空出世，是中国第一条沙漠公路，也是目前世界上最长的贯穿流动沙漠的等级公路。

这条"巨蛇"北起塔里木盆地北缘轮台县附近的314国道，南至塔里木盆地南缘的恰安，全长552千米，其中有446千米属于流动沙漠段公路，这个数字已经被载入了迪尼斯世界纪录。由于沙漠的沙丘是"流动"的，平均一年能移动5米，修建公路时，不得不采用新技术，通过熔化地下沙层开出一条永久路基。

横卧在塔克拉玛干大沙漠的这条"黑色巨蛇"，把原本"进得去、出不来"的"死亡之海"变为了通途，结束了人类亘古以来只能转着圈沿塔克拉玛干沙漠周边行走的历史。

不仅如此，公路沿线的防沙工程采用了"芦苇栅栏"加"芦苇方格"的世界先进固沙技术，来应对不断移动的沙丘。2003年，总投资2.2亿元的沙漠公路绿化工程开工，两年后成功地为436千米的公路段种植了宽约70米的绿化带，将巨蛇蜿蜒之地变成了一条绿色的"生命长廊"。

这条公路的建成，在国际社会尤其是沙漠治理学术界引起了轰动。有学者赞叹："我走遍了世界的主要沙漠，还未见到沙漠治理中如此壮观的场面和成功的经验。"

这条"巨蛇"征服了"死亡之海"，使人类千年的梦想变成了现实，让曾经辉煌的古丝绸之路再次闪耀活力，变成石油勘探开发的主战场。

拉玛干沙漠会吸引更多的目光，得到更多的重视。到那时候，游人纷至沓来，资源开发热火朝天，这片地方有的不再是"千里黄沙独自吟唱寂寞"，而是另一番难以想象的热闹场景。

也许到那一天，这"生命的禁区"才真正的向我们敞开大门。

▲塔克拉玛干的沙漠公路

沙漠血脉——古尔班通古特沙漠

古尔班通古特沙漠是中国第二大沙漠，按面积大小计算排在塔克拉玛干沙漠之后，但这两兄弟的性格可差远了，与塔克拉玛干沙漠"死亡之海"的名号不同，古尔班通古特沙漠要温和得多，看看人们的评价：

"春季融雪后，古尔班通古特沙漠特有的短命植物迅速萌发开花。这时，沙漠里一片草绿花鲜，繁花似锦，把沙漠装点得生机勃勃，景色充满诗情画意。

▲古尔班通古特沙漠

"春季开花的短命植物群落最引人注目，冬季的雪景、春季的鲜花、夏季的绿灌都各有特色。"

是不是很出乎你的意料，沙漠竟然还能是如此迷人的模样。走进古尔班通古特沙漠，你会发现这里一点也不恐惧，甚至并不缺少生机。如果你同旅游爱好者们一样已经被它所诱惑，那么请继续往下阅读吧。

◆分布面积

古尔班通古特沙漠位于新疆维吾尔自治区天山北部的准噶尔盆地中央，玛纳斯河以东，乌伦古河以南，沙漠总面积为48 800万平方千米，是中国第二大沙漠，属于中亚西风环流影响下的温带沙漠的一部分。

实际上它是由4片沙漠组成：西部为索布古尔布格莱沙漠，东部为霍景涅里辛沙漠，中部为德佐索腾艾里松沙漠，北部为阔布北——阿克库姆沙漠。

◆地势地貌

古尔班通古特沙漠整体海拔在300米~600米之间，沙漠内部绝大部分为固定和半固定沙丘，面积占到了整个沙漠面积的97%，形成中国面积最大的固定、半固定沙漠。这与塔克拉玛干沙漠85%的流动沙丘面积形成了鲜明的对比。

如果从高空俯瞰，大家会发现，整个沙漠从外围向盆地中央呈现着规律的地带变化：山地、丘陵、冲积砾质戈壁、下陷盆地沙质荒漠。

当飞机从乌鲁木齐到阿勒泰，从空中看到的古尔班通古特沙漠如大地上一幅巨大的图画，道道黄色斑块组成或宽或窄的条带，镶嵌在褐色的大地上，像自由伸展的树枝，更像是大漠的血脉，有主干也有支脉。你在震惊的同时一定会很想知道，那血脉是什么？

其实、那一条条黄色的条带是长达数十千米的沙垄，而垄间的褐色是被结皮、地衣和一些低矮植物固定的沙面。大家也只有在古尔班通古特沙漠才可能见到这样的景色，因为它是我国干旱区唯一以固定和半固定沙垄为主的沙漠。

沙漠内的树枝状沙垄，一般高度为10米~50米不等，高大宽阔的主沙垄组成了大地上的"主动脉"，主沙垄两侧的次级沙垄组成"支脉"。同时，沙垄的排列明显地受着风向的影响，存在着地区上的差异：沙漠西部多作西北——东南走向；沙漠的中部和北部，大致作南北走向；沙漠东部转为西北西——东南东走向。除半固定沙丘的顶部有摆动沙脊的特征外，丘体很少移动。

◆气候状况

古尔班通古特沙漠所在的准噶尔盆地属于温带干旱荒漠地带，不过大自然似乎有意要特别照顾一下古尔班通古沙漠，盆地周围虽然是高耸山地，但山地封闭不是很严密，特别是在西部和西北部，

▲花棒

有许多山口。这对沙漠有什么影响呢？

因为相对封闭不严，来自大西洋上较为湿润的暖湿气流可以随中纬西风带的吹送从这里长驱而入。同时，一部分来自北冰洋的水汽也可以到达这里。

有朋自远方来，不亦乐乎？

有了这两位远道而来的"朋友"，这里的降水情况就比南疆塔里木盆地好多了，年降水量可以达到70毫米~150毫米，春季和初夏略多，但季节分配相对比较均匀。冬天，沙漠还会有积雪，稳定积雪日数一般在100天到160天，最大积雪深度多在20厘米以上。

◆生物状况

看了前面的介绍，相信大家也可以猜到，古尔班通古特沙漠的植被覆盖率相对较高，动植物种类也比塔克拉玛干沙漠丰富，因为这里不像"死亡之海"那么干燥。

其实古尔班通古特的意思是"野猪出没的地方"。这个名字也说明了，相对于其他沙漠，古尔班通古特沙漠植物生长良好，生物种群丰富。

这个沙漠到底有多少生命活动呢？看看下面的数据吧。

在固定沙丘上，植被覆盖率可达40%~50%，即使在半固定沙丘上也在15%~25%之间。这些植被都是什么植物呢？这里的植物种类据统计达100多种，根据地理位置不同，分成了两个派系。

在沙漠西部和中部，以中亚荒漠植被区系的种类占优势，大家可以见到广泛分布的

知识链接 ✓

沙垄是指垄岗状沙丘，多为纵向沙丘，沿盛行风向延伸，长可达数百米至数千米，高数米至数十米，两坡多近于对称。

根据沙垄种类不同，形成的原因也不同。新月形沙垄由新月形沙丘演变而成。在沙源充足的情况下，几个草灌丛沙堆顺主风向相互联结，也可能形成纵向沙垄。如果有锐角相交的主次两种风向，几个由沙堆连成的纵向沙垄相互交结延长，可形成树枝状沙垄。在单一风向的平坦地区，由于空气受热不均，可以形成具有一定间距的几股螺旋状气流，由两股对应的螺旋状气流卷扬起来的沙子相向堆积起来，也可形成顺风向延伸的沙垄。

白梭梭、梭梭、苦艾蒿、白蒿、蛇麻黄、囊果苔草和多种短命植物。在沙漠东部和南部边缘，亚洲中部植物区系种类较多，如梭梭、蛇麻黄、花棒等。整个沙漠的植物区系成分恰好处于中亚向亚洲中部荒漠的过渡状态。值得一提的是，古尔班通古特沙漠的梭梭分布面积达100万公顷，在古湖积平原和河流下游三角洲上形成"荒漠丛林"。

古尔班通古特沙漠内的动物种类也比较多，尤其在甘家湖自然保护区内，被保护的兽类有马鹿、鹅喉羚、盘羊以及野猪、狐狸、獾、狼、黄鼠、艾鼬、草兔、三趾跳鼠、红尾沙鼠、刺猬等；鸟类有天鹅、黑鹳以及环颈雄、原鸽、百灵类等；初步调查还鉴定昆虫有3纲15目19科162种。

◆旅游资源

知识链接 ✓

中纬西风对我国的影响

中纬西风是影响西欧气候的主力因素，它使西欧形成大范围的温带海洋性气候。它会影响我国吗？

答案是很小。因为中纬西风经过了重重山脉阻挡，到我国时势力已经很弱了。我国的大部分地区都是受与西风完全不同的另一种风——季风控制和影响。

但凡事好像总有例外，准噶尔盆地就是个幸运的例外。那里的阿尔泰山脉与天山山脉之间有一道缺口，加上地势相对低平，西风气流由此缺口进入，在天山北部带来降水，所以北疆比南疆要湿润有一些。

▲新疆克拉玛依油田

2005年10月23日，由《中国国家地理》杂志主办的"中国最美的地方"评选结果在北京发布。排行榜上，古尔班通古特沙漠位列我国最美的五大沙漠之一，可以说是实至名归。

这里确实是旅游者的天堂。生命与死亡竞争，绿浪与黄沙交织，现代与原始并存，是观光考察自然生态与人工生态的理想之地。

大家可以在这里见到寸草不生、一望无际的沙海黄浪；也可以见到梭梭成林、红柳盛开的绿岛风光；大家有机会见识千变万化的海市蜃楼幻景，也有机会一览千奇百怪的风蚀地貌造型；大家或许会置身于风和日丽、苍鹰低旋的静谧画面，也有可能身处狂风大作、飞沙走石的惊险场景。

如果大家想去古尔班通古特探险，可从东道海子北上，沿古驼道横穿古尔班通古特大沙漠腹地，直抵阿勒泰。如果大家暂时没有机会去现场体验，也没有关系，下面就为大家介绍两个极富特色的旅游点，让大家先睹为快。

在准噶尔盆地西北边缘的佳木河下游乌尔禾矿区，有一座乌尔禾风城。当地的哈萨克人给了它另一个名字——"沙依坦克尔西"，意思是魔鬼城。

魔鬼城呈西北——东西走向，长宽约在5千米以上，方圆约10平方千米，地面海拔350米左右。据考察，大约一亿多年前的白垩纪时，这里是一个巨大的淡水湖泊，湖岸生长着茂盛的植物，水中栖息繁衍着乌尔禾剑龙、蛇颈龙、恐龙、准噶尔翼龙和其他远古动物，是一片水族欢聚的"天堂"，后来经过两次大的地壳变动，湖泊变成了间夹着砂岩和泥板岩的陆地瀚海，地质学上称它

▲魔鬼城

为"戈壁台地"。

为什么会有这样一个名字呢?

这个奇特的名字来源于这里奇特的风蚀地貌。

由于地处于风口,魔鬼城四季狂风不断,最大风力可达10级~12级。每当风起,飞沙走石,天昏地暗,如箭的气流在石山间穿梭回旋,发出尖厉的声音,如狼嗥虎啸,鬼哭神号。

强劲的西北风不但给了魔鬼城"名",而且让它有了魔鬼的"形"。

▲将军戈壁

千百万年来,由于风雨剥蚀,地面形成深浅不一的沟壑,裸露的石层则被狂风雕琢得奇形怪状:有的呲牙咧嘴,就像是张着血盆大口的怪兽;有的危台高耸,像是高低错落的古堡;这里似亭台楼阁,还翘着高高的檐角;那里又像是宏伟的宫殿,在时光中傲然挺立。真是千姿百态,令人浮想联翩。在起伏的山坡地上,布满着血红、湛蓝、洁白、橙黄的各色石子,宛如魔女遗珠,更增添了几许神秘色彩。如果大家有胆量在月光惨淡的夜晚前去，则会在孤独中体会到自己渺小与对大自然的敬畏。

看完魔鬼城，大家是不是想轻松一下，那么"驼铃梦坡"沙漠公园绝对是个不错的选择。

公园位于准噶尔盆地内古尔班通古特沙漠南缘，是一片原始粗犷的沙漠世界，也是一座天然的荒漠植物园，葱绿的梭梭、茂密的胡杨、沁人心脾的沙枣、飘逸羽叶的三芒草，以丑为美的猪毛菜、富有药用价值的大黄、"叮当"作声的铃铛刺、形似鹿角的苍劲梧桐，组成了一幅色、味、声、相并茂的大自然景观。沙漠公园还是一座天然动物园，这里有国家一类保护动物野驴及野猪、黄羊、狼、狐狸、跳鼠、娃娃头蛇，沙枣鸟等百余种动物。

"驼铃梦坡"这个景点是依据一个古老的传说而设置的。相传很久以前，在古尔班通古特大沙漠深处有一片美丽的绿洲，居住在这里的各族人民为了保护他们与风沙抗存的绿色之源的"绿泉"，库尔班爷爷和孙子手克提与风魔逢耶大王进行了艰苦斗争，在与风魔战斗中，孙子为了家乡人民的幸福献出了年轻的生命，死在了囚子洞内。爷爷在寻找孙子时，累极而眠，忽

知识链接 ⊗

　　甘家湖梭梭林自然保护区是我国唯一以保护荒漠植被而建立的自然保护区，面积为104000公顷，在准噶尔盆地西南缘、古尔班通古特大沙漠的北部边缘。

　　大家不要被名字误导，甘家湖整体上其实是一片沙海而不是湖泊，这里地势低洼，沙波起伏。不过奈屯河、四棵树河、古尔图河在此汇合后流入艾比湖，因此这里地下水丰富，部分地区形成了小湖泊。

　　保护区野生植物有43科137属228种，以藜科、十字花科、菊科、蓼科、柽柳科、禾本科、豆科等种类居多。区系成分同时受中亚和蒙古植物区系的影响具有过渡性质，有些种类具有较高的经济价值，如肉苁蓉、锁阳、甘草、枸杞构相等药用植物，以及沙拐枣、罗布麻等固沙植物、纤维植物等。

　　这里生长着大片的原始森林梭梭林，是自然保护区的主要保护对象。这些森林植被是乌苏绿洲乃至天山北坡绿洲的天然屏障，也是新疆北坡经济带经济发展的基础之一。

听驼铃声响传来，急忙跳起扑向孙子的骆驼，却发现是南柯一梦。

到这野趣十足的"驼铃梦坡"，大家可以爬沙丘、涉沙海，进行徒步探险；也可以借助"沙漠之舟"——骆驼，一边听着悦耳的驼铃声，一边饱赏大漠风光。你可以悠闲地观赏日落，若有余兴，还可以就地借宿，来个"天当被、沙漠床"式的浪漫。

◆人类活动

古尔班通古特沙漠流淌的不仅是大漠的血脉，对于人类，那也是资源和财富的血脉。

人们很早就开始勘探这片土地，发现这里蕴藏着丰富的石油、煤炭和矿产资源，就在狰狞的"魔鬼城"地下，有大量的天然沥青和石油资源，上世纪50年代著名的克拉玛依油田就是古尔班通古特沙漠值得骄傲的骨肉。

这片沙漠甚至为发展农业和畜牧业创造了条件，人们在这里定居，把这里当成是蕴藏着丰富宝藏、充满勃勃生机和诗情画意的聚宝盆。伴随着石油等资源的开发，在沙漠绿洲和盆地边缘地区，到处可见居民点、交通设施和工业设施等，有的地方已经发展成为著名的大城市了,例如克拉玛依市就是典型的代表。

"沙漠珠穆朗玛峰"——巴丹吉林沙漠

"巴丹吉林"是蒙古语的译音，"巴丹"由"巴岱"演变而来，据说在很久很久以前有个叫巴岱的牧人，在这一望无际的大沙漠中发现了很多"吉林"，也就是蒙古语中的湖泊，于是他把家迁到这里，游牧生息，一代又一代。后人就以巴岱的名字命名了这个大沙漠——巴丹吉林。

巴丹吉林这个地方原来并没有沙漠，而是一个山清水秀、牧草丰美的好地方。后来为什么会变成了今天这么大的一块沙漠呢？

关于巴丹吉林沙漠的来源，在当地流传着这样一个神奇的传说——

遥远的古时候，这里有个邬尔章国，邬尔章国都巴当城就坐落在现在的巴丹吉林这块地方。当时这里没有什么大沙漠，邬尔章国臣民安居乐业，一代传一代地过了多少个世代，除了国王谁也说不清楚。就在邬尔章国第九十九代国王的时候，国家出了一个黑心的宰相，他就是混世魔王。这个奸臣，为了暗算国王，他把女儿乌拉玛斯嫁给了当时的太子。不久，国王仙逝，太子继位当了国王。这个新国王是个游手好闲、不学无术的家伙，哪能管理国家大事使人民安居乐业呢？他只知道天天吃喝玩乐，用牛奶给乌拉玛斯洗澡，而国家的一切权力全都掌握在他的岳父——混世魔王手中。从此，国民多灾多难，生活在水深火热之中。这件事激怒了九天。九天为惩罚混世魔王，下了七天七夜的黄沙，埋掉了邬尔章国的国都巴当城。从此后人将这个大沙漠叫做巴丹吉林。

◆分布面积

巴丹吉林沙漠位于内蒙古自治区西部，大致在弱水东岸的古鲁乃湖以东，宋乃山和雅布赖山以西，拐子湖以南和北大山以北的地区之间，海拔高度在1 200米~1 700米之间，总面积为44 300平方千米，是中国第三大沙漠。

◆地势地貌

巴丹吉林沙漠地处阿拉善荒漠中心，地质构造上属阿拉善地块，地貌形态缓和，主要是剥蚀低山残丘与山间凹地相间组成，第四纪沉积物普遍覆盖于地表，形成广泛分布的戈壁和沙漠。

在巴丹吉林沙漠内，沙山沙丘、风蚀洼地、剥蚀山丘、湖泊盆地和谷地交错分布。除东、南、北部有小面积的准平原化基岩和残丘外，广大地区全为沙丘覆盖，其中流动沙丘占沙漠总面积的83%，仅次于塔克拉玛干沙漠，不过这些沙丘的移动速度比较小，没有塔克拉玛干沙漠那么活跃。

巴丹吉林的自然环境

知识链接 ⊙

咸水湖

咸水湖是按湖水的含盐量划分的一种湖泊类型，与淡水湖、微咸湖相对。这种湖泊湖水含盐量较高，一般在1%以上。

咸水湖形成的主要原因有两种：一种是古代海洋的遗迹；另一种是内陆河流的终点。如果湖水不排出或排出不畅，蒸发就会造成湖水盐分富集。所以，大多数的咸水湖都形成于干燥的内流区。世界上最大的咸水湖是亚欧大陆之间的里海，含盐度最高的是死海，据说人可以浮在死海海面上。

中国的咸水湖主要分布在西部地区，在数量上远远多于淡水湖，约占全国湖泊总面积的55%。其中，最大最著名的是"青海湖"。

有较为独特的一面，我们可以从以下几方面进行解读。

这片沙漠虽然以流动沙丘为主，但是沙漠中央却分布着密集的高大沙山，占沙漠面积的61%。它们的沙丘形态主要是叠置沙丘的复合型沙山、金字塔形沙山及无明显叠置沙丘的巨大沙山等三种形式。这些沙山最大的特点就是高大，一般有200米~300米高，最高的毕鲁图峰高度甚至达到500米以上，是世界上最高的沙丘。

> **知识链接** ⊽
>
> 湖盆是指地表上汇集水体的相对封闭的洼地，这个名字简单贴切，因为它们就是形状像盆子的湖。
>
> 湖盆一般由5部分组成：湖岸、沿岸带、岸边浅滩、水下斜坡、湖盆底。湖泊面积的大小，湖盆地质条件和水流动态不同，湖盆的形态也会有差异。研究湖盆的形态及其变化，有助于了解湖泊的起源、发展和水文形势的变化。

这些沙山为什么能如此高大呢?

原因是多种多样，有些是由于现代沙丘覆盖在古老钙质胶结的老沙丘之上，有些是由于沙丘覆盖在下伏基岩剥蚀残丘之上，还有些是因为沙丘移动过程中受下伏隆起地形阻碍而形成的。在西北风的强大影响下，这些复合型沙山基本都以北——东方向排列。在这些高大沙山的周围，是许许多多的沙丘链，它们的高度也不小，一般在20米~50米之间。

这些高大的沙山使巴丹吉林沙漠成为中国沙丘最高大的沙漠，同时也是典型的山地型沙漠。除了高，沙山还以其奇特的造型和陡峭而著称，沙壑、沙峭、沙峰随处可见，气势壮观。

正是这样的地貌，让巴丹吉林沙漠获得了"沙漠珠穆朗玛峰"的荣誉。

大家不要以为巴丹吉林沙漠只有黄色的沙山，它还有另一种美丽的色调——蓝。

在高大沙山之间的丘间低地，分布着许多内陆小湖，当地称为"海子"，仿佛它们是大海的儿子一般。除了沙山之间，在西部和北部的沙漠边缘也分布有面积较大的湖盆，犹如散落在金黄地毯上的粒粒珍珠。

◆气候概况

巴丹吉林沙漠位于温带干旱和极干旱气候区，属于明显的大陆性气候。

这里气候极为干旱，全年降水稀少，年降水量仅40毫米~80毫米，而且集中在6月~8月。

这里夏季高温酷热，最高温度可达37~41℃，地表沙面温度则更高，高达70~80℃；冬季极为寒冷，最低气温可达−37~−30℃。

高温使这里蒸发旺盛，蒸发量是降水量的40倍~80倍！

明亮的阳光也使这里成为内蒙古自治区光照最充足、太阳能资源最丰富的地区之一。此外，这里冬、春两季大风强劲，是内蒙古地区风能资源最丰富的地区，根据统计，一年中大风天数可达60天之多，年均风速4米每秒，达到八级的大风日就有30多天。

◆水文状况

虽然巴丹吉林沙漠气候极为干旱，却不是大家所想象的那样没有一滴水，相反，在巴丹吉林沙漠内有许多的湖泊，主要集中在沙漠东南部。

在沙漠中部的沙山之间，分布着140多个内陆湖泊，总面积在1平方千米~1.5平方千米之间。这些湖泊最深的可达6.2米以上，不过它们大多是咸水湖，由于蒸发强烈，积聚了大量盐分，湖水矿化度很高，大多不能饮用或灌溉。

在沙漠的西部和北部，有两个较大的湖盆：西部南北走向的是古鲁乃湖，大约长180千米，宽10千米；北部的拐子湖则是东西走向，约长100千米，宽6千米，湖滨地带水分涵养较好。

此外，在沙漠中某些湖盆边缘甚至海子中心，还有多处泉水出露，水质清澈，甘甜可口，可供人蓄饮用，这为今后治理沙漠提供了有利条件。

◆生物状况

有水的地方，总是有旺盛

知识链接 ✓

芨芨草是高大的多年生密丛禾草，它喜欢生长在地下水埋深1.5米左右的盐碱滩沙质土壤上，所以大家经常可以在低洼河谷、干河床、湖边，河岸等地见到它的身影。

芨芨草生命力极其顽强，它的根部可残留一年甚至几年，冬季枯枝保存良好，返青后生长速度迅速，这使得芨芨草草场可以一年四季牧用。

芨芨草具有广泛的生态可塑性，从较低湿的碱性平原，到高达5000米的青藏高原上，从干草原带，到荒漠区，均有芨芨草草甸分布。

的生命。

巴丹吉林沙漠不是"一片死海"，在广阔的沙漠之中，除了漫漫的黄沙，还有星星点点的湖水，斑斑驳驳的绿色，为沙漠增添生命的痕迹。

这里植被覆盖率较高，虽然远不及古尔班通古特沙漠，但也在5％左右。仔细观察，大家会发现，在沙丘的背风处，沙丘的底部，湖岸边，泉水旁，黄色中处处生长着绿意，有乔木、灌木和草本植物。再具体来看看植物的种类——梭梭林、沙拐枣、沙竹、霸王、木蓼、沙蒿、柽柳、沙葱……总体分布上，沙漠西部以沙拐枣、籽蒿、霸王、麻黄为主；东部则主要是籽蒿和沙竹。

在众多的湖盆周围，生命的赞歌就更欢快了，这里植物生长茂密，主要是湿生、盐生类型，有些水分条件较好的湖泊边缘，还生长着成片的芦苇和芨芨草等。这些植物以湖水为中心与周围沙丘呈同心圆状分布，接近沙丘的地段逐渐出现以沙生植物为主的固定、半固定沙堆。

这些植物可不仅是观赏型的，它们都有各自的功能和作用——湖岸边的芦苇、芨芨草植物可供造纸；梭梭、柠条、霸王、籽蒿、胡杨、骆驼刺是优良的防风固沙树种，也是沙漠中动物的食物；沙葱是餐桌上美味的菜蔬；莎草、莎米的果实可做面粉的替代品；沙棘、白刺的果实富含维生素，可提取果汁，还可以酿酒；甘草有"药中之王"的美誉；肉苁蓉更有着"沙漠人参"的美称而盛名于世界。

▲巴丹吉林庙

原来沙漠里还有这么多的宝贝，真是大开眼界！

除了绿色的植物生命外，这里还活跃着许许多多的沙漠动物，它们已经习惯了酷热、严寒与缺水的自然环境，甚至身体的颜色也变得与沙漠相近，是沙漠中另一道流动的风景。

沙漠中的众多咸水湖能从泉眼中溢出淡水,清澈甘甜的淡水不仅养育着鲤鱼、草鱼、白鲢鱼、鲫鱼、武昌鱼等鱼类,而且还能引来野鸡、天鹅等十余种鸟禽。

▲巴丹吉林沙漠

◆旅游资源

在巴丹吉林沙漠深处的庙海子边上,有一座藏传佛教寺庙,建于1755年,名叫巴丹吉林庙。它是巴丹吉林沙漠的地标,是巴丹吉林沙漠中人们集会和礼佛的重要场所,是沙漠深处人们信仰的寄托,也是牧民心目中神圣的殿堂。

巴丹吉林庙现在占地面积达273.7平方米。这座白墙金顶的汉藏混合建筑背靠沙山,面朝湖水,庄严肃穆,幽静典雅,被称为"沙漠故宫"。寺外还有一座白塔,在黄沙蓝水间显得格外抢眼。

巴丹吉林庙有三个神秘之处至今未解,大家可以自己去找一找答案。

据说在巴丹吉林寺庙的建造过程中,曾不远千里从银川、武威、张掖等地雇用木匠、画匠、泥匠,从雅布赖山拉运基石,从新疆驮运栋梁,从几十里路外用骆驼拉砖运物。但是,这座寺庙深藏沙漠腹地,距最近的沙漠边缘也要60多千米。那么,寺庙的一砖一石一木是如何穿越那么多高大的沙丘运达此地的?

这座寺庙的选址也很奇特,它处于两个湖泊相接的地段,三面环湖,一面临沙,在二百多年的历史岁月中,它既没被湖水侵蚀,也未被黄沙掩埋,神奇地立于大漠深处。那么,当年选址的人是依据怎样的科学知识呢?

最后，也是最令人不解的一点，每当阿拉善佛教造诣非常深的大喇嘛玛尼喇嘛诵经传的时候，庙海子的泉水就会自动地喷涌出来，当地人认为这是大自然与玛尼喇嘛的共鸣，将这眼泉水称为"听经泉"。现在当人们站在湖边大声呼唤时，湖中的泉水仍会喷涌而出，怎么解释这种现象呢？

这些谜题等待着人们去解答，古庙安静地不发一言，当夕阳映红了沙山，它连同湖岸婆娑的柳树一起静静地倒映在水中，一切如梦似幻，似乎所有的答案都已经不再重要。

在巴丹吉林沙漠旅行，不仅是一场视觉的大餐，还是一场听觉的盛宴。因为你已经来到了"世界鸣沙王国"

在1995年，惘野町中日合作鸣沙学术调查团对巴丹吉林沙漠进行考察后认为，巴丹吉林沙丘所发出的声音，类似轰炸机的声响，又酷似雷声，沉闷而深远，25千米处可清楚听见。与美国鸣沙、甘肃敦煌和内蒙古伊克昭盟的鸣沙相比，沙丘高、污染少、保护好、面积大，是世界最大的鸣沙区，因此巴丹吉林沙漠有"世界鸣沙王国"之称。

如果大家在上面行走，滑下的沙发出巨大声响，沙鸣不止，一浪高过一浪，一路上就像是有战机在你头顶盘旋轰隆，令人感

知识链接 ⊙

庙海子在蒙语中称为"苏敏吉林"，"苏敏"是庙宇的意思，"苏敏吉林"就是有庙的海子。

苏敏吉林是巴丹吉林沙漠中人口最密集的地方，也是巴丹吉林村"村府"所在地，这里有两个较大的湖泊连在一起，湖边沙山耸立，沙水相映成趣。当晚霞映照的时候，站在金黄色的沙山上，苏敏吉林湖宛若一位静卧在沙山怀抱中的美丽少女，落日的余晖给她披上了一层轻纱，美得不忍触摸。

庙海子是个神奇的湖，湖周围都是沙山，这里一年的降水量也就只有几十毫米，远远小于蒸发量，湖水含盐量高，但却不曾枯竭，也不曾被风沙掩埋，仿佛有大自然的神力一直在保护着。

或许这就是巴丹吉林沙漠的神奇之处，这里的地下水丰沛，只需挖几米深，就有淡水了。据最新研究推测，沙漠之下可能隐藏河网，水源来自500千米外的祁连山，或者是更遥远的青藏高原的冰雪消融渗入地下流入的暗河。

觉前所未有的刺激和满足。

为了更好地治理、开发和宣传巴丹吉林，2003年，巴丹吉林沙漠所在盟政府召开了旅游工作会议，明确了旅游业在全盟国民经济和社会发展中的产业地位和作用，确立了旅游业的支柱产业地位。

的确，在巴丹吉林这样神秘奇特的自然风景区，以开发旅游业为导向，逐步开发和利用各种地下资源以及种植、养殖业，走多种经营的路子，具有广阔的前景。

◆人类活动

观赏完巴丹吉林神秘奇特的自然风光，再来看一看在这片土地上生活繁衍的人类吧。

跟前两个沙漠不同，巴丹吉林沙漠是有常住人口的，但是也很稀少，少到平均每10平方千米不到1人。实际上，整个沙漠内部无固定道路，横穿沙漠的腹部异常困难，所以在整个沙漠内部，只有巴丹吉林庙和库乃头庙两大居民点，都分布在湖盆的周围地区。

这里的居民以什么为生呢？

那就要看大自然给予了什么礼物。因为海子周围的草滩可作为牧场，所以这里基本全部经营牧业，骆驼数量很多，是这里最主要的家畜，其次是山、绵羊。

此外，巴丹吉林沙漠的矿物资源很丰富，那100多个咸水湖，因地形和地理条件的差异，储藏着钠盐、钾盐、硼、芒硝和天然碱等不同的矿产资源。例如东南部的雅布赖盐湖盛产食盐，而西部的古鲁乃湖及巴丹吉林庙附近的一些湖泊内有碳酸钠的沉积，这些都有着巨大的开发价值。

▲芨芨草

随着我国经济发展和改革开放的不断深入，人民生活水平有了较大幅度的提高，人们的消费水平和消费心理也逐渐开始转变，旅游爱好者越来越多，旅游方向

▲巴丹吉林沙漠湖盆

逐渐由城市、公园、名胜古迹、名山名水向奇、特、新、险方向发展；欣赏思维也从山清水秀向苍凉粗犷方面转变。

巴丹吉林沙漠是世界上相对高度最突出、鸣沙声最大的沙漠，它所形成的沙漠和湖泊景观也极为独特。在这里，奇峰、鸣沙、湖泊、神泉、寺庙堪称巴丹吉林沙漠"五绝"，它们正等待着旅行者的步伐。

去沙漠看"海"？——腾格里沙漠

"腾格里"在蒙语中读作"天"，寓意茫茫流沙如渺无边际的天空。

大家提起腾格里的名字，是不是就会想起那浩瀚无垠的沙漠，蜿蜒起伏的沙丘，它的名字总是和苍凉、荒芜、冷酷、恐惧等联系在一起。

然而，当你真的走进腾格里沙漠时，却会看到完全不同的景色。

唐代大诗人王维的千古名句"大漠孤烟直，长河落日圆"，描写的就是这里。那种苍凉寂寥和雄浑旷阔的意境，会使人产生无尽的遐想和豪情，甚至你会为之而震撼，继而发出完全不同的感慨：那里竟是一处奇美之境。

而当你走到沙丘高处，你会惊奇地看到一个原生态湖泊，长长的海岸线在沙漠中优雅地向前舒展，另有一番风情——那里竟真的可以让你在沙漠中

看"海"！

到底腾格里沙漠会给我们带来什么样的震撼呢？一同走进去了解一下吧。

腾格里在蒙古话叫做Mongke Tengri，在蒙古民间宗教里，腾格里神是最高的神。在维吾尔族古老神话里，他也是天神，被认为是世界与人类的主宰。柯尔克孜族也保留着渊源于原始宗教萨满教的有关腾格里天神创造宇宙和人类的神话。

在不同的历史阶段中，由于宗教信仰的不同，"腾格里"曾经多次被赋予过不同的宗教神的意义：在信仰祆教时，"腾格里"被用以称呼该教的至高神阿胡拉·玛兹达；在信仰佛教时，它被用以称呼佛祖；在回纥改宗伊斯兰教以后，它又被用以称呼伊斯兰教唯一的神安拉。由此，"腾格里"逐渐成为一个表达抽象概念的词，用来泛指诸神。

◆分布面积

腾格里沙漠位于阿拉善地区的东南部，南越长城，东抵贺兰山，西至雅布赖山，主要在甘肃省、宁夏回族自治区、内蒙古自治区三省区境内。沙漠总面积为42700平方千米，是中国第四大沙漠。沙漠海拔在1200米~1400米左右。

◆地势地貌

腾格里沙漠在地质构造上是一个断陷盆地，在它的内部，沙丘、湖盆、盐沼、草滩、山地及平原交错分布，沙丘占71%，其中只有7%属于固定、半固定沙丘，流动沙丘以格状沙丘和格状沙丘链为主，一般高10米~20米，也有复合型沙丘链高10米~100米，常向东南移动。

腾格里沙漠是现在流动速度最快、周边人口密度最大的沙漠。

◆气候状况

这里终年为西风环流控制，属中温带典型的大陆性气候，降水稀少，年平均降水量才102.9毫米，而年均蒸发量达到2 258.8毫米，根本不在一个量级上。

强烈的风势使风沙成为主要的自然灾害，但同时，这里一年平均光照达到3181小时，太阳辐射为150千卡/平方厘米，丰富的光热资源对于发展农业有潜在优势。

◆水文状况

黄河恰好自南向北流经沙漠东侧的绿洲，由于整个沙漠地势低于黄河水面，有引黄灌溉的条件，从而弥补了干旱缺水的不利因素。而且这里地下水深浅在5米~8米，浅层水资源丰富，水质良好宜于灌溉。

在腾格里沙漠中有大小湖盆422个，其中有251个积水，主要为泉水补给和临时集水，大部分为第三纪残留湖，是居民的主要集居地。

这些沙漠深处的湖泊，都是存留了数千万年的原生

▲通湖草原风光

态湖泊，它们仿佛是沙漠的眼睛，默默地注视着时光将沧海变作桑田。远远望去，湖边堆堆盐卤恰似冰雪，湖面泛着银光，稍一恍惚便让你以为自己在银海冰川的世界。

◆生物状况

在腾格里，风沙土是面积最大的土壤类型，从湖盆边缘到山前平原均有分布，是绿洲植物赖以依托的基础。

▲格状沙丘

区内交错分布的不同地貌决定了不同的植被覆盖率：大片的流动沙丘几乎不生长植物，覆盖率在1%以下；而半固定沙丘植被盖度可达15%-20%，生长的主要是沙竹和籽蒿；固定沙丘的环境要好不少，植物生长较密，最常见

的是油蒿；而在广泛分布的湖盆中，由于水分条件较好，长着不少盐化草甸和沼泽植被。

湖泊是许多动物的天堂，在沙漠高地湖泊高墩湖，不但湖里有鲤鱼，湖上还有野鸭、天鹅等30多种鸟类。

> **知识链接** ✓
>
> 月牙泉有三宝：五色沙、铁背鱼、七星草。五色沙是说鸣沙山的沙子有红、黄、绿、白、黑五种颜色，而铁背鱼和七星草则更厉害，据说一起吃可以长生不老！
>
> 敦煌老辈人都说，敦煌特有的狗鱼也许就是铁背鱼，而月牙泉南岸大片的罗布麻就是传说的七星草。这种植物是泉边独特而唯一的保健中草药，有延年益寿的功效。每年6、7、8月，罗布麻的小花盛开，犹如夜幕中的点点繁星。

在沙漠腹地，还有一片因湖而成的草原——通湖草原。虽然现在只能见到十几个小湖散落在湖盆中，但几百年前这里确有一片碧波万顷的湖水。通湖，就是湖水相连的意思。其中比较大的两个，一个叫东湖，一个叫西湖。在很久以前，一个小喇嘛带着两只铜壶到西湖里打水，一不留神，铜壶掉进了湖里。因为这件事，小喇嘛被撵出了寺庙，谁料几年后，小喇嘛意外地在距离西湖几十里外的东湖边捡到了那两只铜壶，他才恍然大悟，原来东湖和西湖的水是相通的，通湖也就由此得名。

现在这里草原平坦，芦花摇曳，野鸟嬉戏，成了沙海中一个剔透的宝石。

◆旅游资源

去腾格里沙漠，怎么能错过腾格里达来月亮湖，它是腾格里沙漠诸多湖泊中唯一有海岸线的原生态湖泊。

看这名字，是不是很有去沙漠看"海"的感觉——"腾格里"是当地人们心中的文字图腾，它蕴含高、陡、奇、险的深义，所以当地有"登上腾格里，离天三尺三"的说法。"达来"的蒙语意为海和湖泊，那一抹晶莹的水汪，是大漠之泪。当地牧民亲切地称它为"月亮湖"。为什么呢？如果你从湖的东边远眺就会理解，因为它就像一轮弯弯的月亮，正在静静地倾诉着古老的故事。

月亮湖湖水面积两千多亩，最深处有4米。这里的湖水很奇特，自然分成咸水、淡水两部分，泾渭分明，让你不禁猜测，它是不是还在怀念远方大海的气息。据检测，湖水中含硒、氧化铁等10余种矿物质微量元素，且极具净化能力，湖水存留千百万年却毫不混浊。虽然年降水量仅有220毫米，但湖水不但没有减少，反而有所增加。

如果大家去月亮湖，当地人会热情地为你介绍"三奇"——

一奇在于月亮湖的形状，它酷似中国地图。站在西边高处沙丘一看，一幅完整的中国地图展现在眼前，气势磅礴，芦苇的分布则将全"国"各"省区"一一标明。

二奇在于湖水是天然药浴配方，它所富含的钾盐、锰盐、少量芒硝、天然苏打、天然碱、氧化铁及其他微量元素，与国际保健机构推荐的药浴配方极其相似。

三奇在于黑沙滩，在它长3千米、宽2千米的海岸线上，挖开薄薄的表层，便可露出千万年的黑沙泥。别看它黑黑的不起眼，这可是纯天然的绝佳"美颜泥"，富含十几种微量元素，品质甚至优于"死海"中的黑泥，可谓泥疗宝物。

大家是不是听得心动了？

慢着！要进月亮湖，还有一个考验呢，大家也可以把那当成一项刺激好玩的运动——沙海冲浪。

在月亮湖的周围，千里起伏连绵的沙丘如同凝固的波浪一样高低错落，想要一睹月亮湖的芳容，还得借助当地的越野车。老练的司机会驾驶着汽车在沙海中左冲右突，忽而冲上陡陡的沙坡，忽而掉头向下俯冲。当车子冲向沙丘时，眼

知识链接 ⊗

在腾格里沙漠，新月形沙丘好像并不满意单一方向的排列，为了来点异域风情，它们你一行我一列，纵横交叉组成了具有浓郁苏格兰格子裙风情的格状沙丘。

造就这种沙丘的风，主要来自两个几乎垂直的方向，主风方向形成沙丘链，而次方向风则在沙丘链间产生低矮的沙埂，从而使沙子在着陆后排列成外形像田块的格状形态，驼队还可以在这些沙埂上行走。两股垂直的风，如同来回织布的经纬梭子，忙碌着给沙漠打上规整的格子，

前只见蓝天，其他什么也看不见，让你觉得正在开往天堂；当车子落下时，又像跌落万丈深渊。坐在后面的你也许会尖叫连连，也许会兴奋雀跃。

如果说月亮湖是腾格里的一只眼睛，那么另一只就非居延海莫属了。

居延是匈奴语，意思是"流动的沙漠"。湖在汉代时叫做居延泽，魏晋时称之为西海，唐代起有了"居延海"这个名字。

居延海是一个奇特的游移湖，它的位置忽东忽西，忽南忽北，湖面时大时小，时时变化着。这是由它的主要补给水源——额济纳河的水道变动导致的。

在漫漫黄沙中的这片碧水边，曾发生过许多动人的故事。相传，西汉的骠骑将军霍去病、飞将军李广，进攻匈奴时都曾在居延泽饮马。在元朝时，意大利人马可·波罗也曾到过居延海。而唐代大诗人王维更是曾于湖畔驻足，写下了著名的《塞上作》：

居延城外猎天骄，白草连天野火烧。

暮云空碛时驱马，秋日平原好射雕。

历史上，居延海水量充足，湖畔有肥沃的土地和丰美的水草，是我国最早的农垦区之一，还是穿越沙漠和大戈壁通往漠北的重要通道，是兵家必争必守之地。后来因湖面缩小，居延海分裂成两个湖泊，西湖名"嘎顺诺尔"，蒙古语意为"苦海"，就是西居延海；东湖名"苏古诺尔"，蒙古语意为"苔草湖"，即东居延海。虽说两湖相距不过35千米，本是"同根生"的"手足"，但它们的景色却截然不同——

西居延海在风蚀洼地中漫延，形状像只蝌蚪，正向西游去。这里水质

▲阿拉善沙漠国家地质公园

苦咸，湖岸形成盐的结晶，湖中生物难以生长，唯有碧海蓝天和漠漠黄沙组成了色彩瑰丽的巨幅画卷，在一片寂静中展现历史的亘古与旷远。

东居延海湖形浑圆，沿湖一周正好75千米，当地蒙古族牧民形象地称它为"一驼程"，就是骑骆驼整整一天的路程。东居延海水质较好，适宜生物繁殖，湖岸红柳成丛，水草丰美，常见黄羊等成群结队来到湖边饮水觅食，还有鸿雁、野鸭在绿水之中嬉戏，一片生机勃勃的景象。

▲月牙泉

近代，河西走廊的农业开发大量用水，曾导致居延海的东西两个湖面先后干涸，由于人类无节制的扩张，腾格里的眼泪流干了。不过自2000年开始，我国水利部连续实施水量统一调度，向下游已经干涸多年的居延海沙漠内陆湖泊输水，令居延海重现生机。

说完东、西居延海这俩兄弟，再来说说鸣沙山和月牙泉这对孪生姐妹吧。

"天地奇响，自然妙音"说的便是鸣沙山。此山处于腾格里沙漠边缘，位于甘肃敦煌市南郊7千米的鸣沙山北麓，面积约200平方千米，是"敦煌八景"之一，名叫"沙岭晴鸣"。

所谓鸣沙，并非自鸣，而是人与自然的共鸣。当你攀上沙丘，由山顶往下滑落，沙砾随你落下，好似一幅一幅锦缎张挂沙坡，又犹如金色群龙飞腾，鸣声随之而起。一开始像是丝竹管弦，很快变成钟磬和鸣，最后如兽吼雷鸣，轰鸣声不绝于耳，但如果你在远处听，又像是神声仙乐，真是自然奇观！

古代，由于人们不明鸣沙的原因，便以传说解释。曾经有位汉代将军率军西征，夜里遭敌军偷袭。正当两军厮杀难解难分之际，大风骤起，刮起漫天黄沙，把两军人马全都埋入沙中，从此就有了鸣沙山，而至今犹在沙鸣，则是两军将士的厮杀之声。

鸣沙山山体高达数十米，东西绵亘40多千米，南北纵横20千米，宛如两条沙臂张伸，它保护的便是鸣沙山麓的月牙泉。那也是"敦煌八景"之一，名为"月泉晓彻"。历来水火不能相容，沙漠清泉难以共存，但是月牙泉就像一弯新月落在黄沙之中。

> **知识链接** ✓
>
> 高墩湖
>
> 高墩湖就在腾格里沙漠南部边缘，湖的北面接连着大沙漠，东、西、南三面为格状鱼塘。
>
> 这个奇怪的名字来源于湖周边耸立的几座高大的古长城烽火台，沉睡了几千年的古长城，像一条黄色的丝带，横亘在中卫绿洲与浩瀚无垠的腾格里沙漠之间。深藏闺阁的高墩湖，依偎在这宽广的臂弯里，做着香甜的梦，也让有幸来到这里的人们分享大自然的宁静。

小小的一弯泉水，南北长不到100米，东西宽也就25米，最深处不过5米，本来是不怎么起眼的。但是，这泉水碧绿，涟漪萦回如翡翠，虽在沙中，却是"月牙之形千古如旧，恶境之地清流成泉，沙山之中不淹于沙，古潭老鱼食之不老"，可谓奇观。难怪历代文人学士对这一独特的山泉地貌称赞不已：

"晴空万里蔚蓝天，美绝人寰月牙泉。银山四面沙环抱，一池清水绿漪涟。"

"山以灵而故鸣，水以神而益秀。"

"鸣沙山怡性，月牙泉洗心。"

月牙泉的源头是党河，泉水清澈明丽，很大程度要依靠河水的不断充盈。可惜的是，70年代中期当地垦荒造田抽水灌溉，加上近年来周边植被破坏、水土流失，导致敦煌地下水位急剧下降。近年来党河和月牙泉之间已经断流，月牙泉水位在1米左右徘徊，如果不进行根本性治理，这一世界级遗产将面临干涸枯竭的危险。这使得"月牙泉明天会不会消失"成为许多人关注的焦点。

为了挽救这一千古奇观，人们不得不用人工方法来保持泉水。从2000年开始，敦煌市采取应急措施，在月牙泉周边回灌河水补充月牙泉水位，这一措施让月牙泉暂时免于枯竭。随着国家2000万元贷款落实到位，月牙泉水位下降应急治理工程已经于2006年年底开工，将通过"节水"、"补水"、"引水"等多种方式来解救月牙泉。

我们都不希望月牙泉枯竭，作为自然中的一分子，人类应当使自己的行为与自然协调一致，我们才不会失去更多的"沙漠之眼"。

在腾格里，旅游部门还为大家安排了许多特殊的活动，像沙漠野餐、沙漠露营、观星赏月、沙漠找水，探访沙漠游牧民族，以及观赏古代岩画等，这些都是漫游腾格里沙漠的"特色菜"，正等着你去品尝呢。

◆人类活动

旅游资源是腾格里沙漠最大的宝藏，当地政府也深知这一点。

为了促进沙漠地区旅游业的发展，加快第三产业的快速发展，同时加强对沙漠资源和生态环境的保护，内蒙古阿拉善沙漠国家地质公园应运而生。

该地质公园位于内蒙古自治区阿拉善盟境内，规划总面积为938.39平方千米。阿拉善沙漠地质公园是我国唯一系统而完整展示风力地质作用过程和地质遗迹的地质公园，公园内地质遗迹类型丰富，自然景观优美，人文景观独特。

到底有多系统呢？

阿拉善沙漠国家地质公园将11个景区划分为3大园区。

▲罗布麻

看看它们都是谁？

这几个园区分别是巴丹吉林园区、腾格里园区和居延海园区。它们中任何单独的一个已经具有完整而唯一的美丽，放在一起，各自的地质遗迹又有不同的典型

知识链接 ✓

　　残留湖，顾名思义是被遗留下来的湖，它们原本是海洋的一部分，后来由于海洋沉积或隆起地块的阻隔，海湾或内海就与外海隔离，形成了湖泊。

　　这些被留下来的"孩子"可能跟大海很像，是咸水湖，如苏联的黑海；也可能改头换面变成淡水湖，在它发展过程中，原有海水逐渐淡化，并为陆地水代替，如中国浙江的西湖、江苏的太湖等。

性和突出重点，具有极高的美学价值和科学研究价值。

　　巴丹吉林园区包含巴丹吉林沙漠、曼德拉岩画、红墩子峡谷、海森楚鲁风蚀地貌4个景区。大家看是不是很丰富，有沙漠峡谷，有风蚀地貌，还有历史悠久的岩画，既可以做科学探险，又可以做科教人文特色旅游，当然更是美丽的自然生态的观光区。

　　腾格里园区包含了月亮湖、通湖和敖伦布拉格峡谷3个景区，囊括了沙漠、盐湖和峡谷这三种相依相伴又截然不同的自然景观，是休闲娱乐的好去处，而其中的各种地质资源和矿产也是科学考察的绝佳对象。

　　居延海园区包含居延海、黑城文化遗址、胡杨林、马鬃山古生物化石4个景区，这里的景观资源包括：胡杨林、居延海、古城遗址、古生物化石，还有航天城，除了一饱眼福和了解知识之外，你还可以在这里体验独特的居延文化和土尔扈特文化。

　　总之，不论是宏伟震撼的沙石，还是优雅荡漾的湖水；不论是各种世界之最的称号，还

▲腾格里沙漠

是原生态的纯朴树木；不论是耐人寻味的化石，还是别有风味的部落文化……在这里，只有你想不到的，没有你找不到的，大家需要做的，就是来个深呼吸，然后等着被打动。

▲腾格里沙漠中的湖泊

这个地质公园的设置，是为了让游客更好地接近沙漠的美丽，了解沙漠的文化。更重要的是在开发旅游业的同时积极保护地质遗迹资源，促进社会经济的可持续发展。它证明了"在保护中开发，在开发中保护"不是一句空话，人类活动与自然界是可以和谐相处的——这才是阿拉善沙漠国家地质公园的精华所在。

沙漠界的"姚明"——柴达木沙漠

说到柴达木，大家首先想起的大概都是柴达木盆地。柴达木还有沙漠？对，柴达木沙漠就分布在柴达木盆地中。

那柴达木沙漠和高个子姚明又有什么关系呢？

他们的共同点就是拥有远远高于常人的海拔——篮球巨星姚明以2.26米的身高傲视中国篮球界，而柴达木沙漠则是中国所有沙漠中分布地势最高的一个，相当于沙漠界的"姚明"。

为什么在盆地里的沙漠还会有这么高的海拔？

这就得去问柴达木盆地了。这块盆地虽然深深地陷落在大地上，但它所在的大地正是我国的青藏高原。站在巨人肩膀上，柴达木盆地底部的海拔高达2 500米~3 000米，所以柴达木沙漠拥

▲万丈盐桥

有高海拔也就不足为奇了。

◆分布面积

柴达木沙漠位于青藏高原东北部，在柴达木盆地的腹地中，面积3.49万平方千米，约占柴达木盆地总面积的1/3，是中国第五大沙漠。沙漠被阿尔金山、祁连山、昆仑山所环绕，处于平均海拔4000多米的山脉和高原形成的月牙形山谷中。

◆地势地貌

柴达木沙漠风力作用明显，因此风蚀地貌发育广泛，呈现出风蚀地、沙

知识链接 ✓

背斜构造

在大家的概念中，岩石应该是非常坚硬固定的东西吧。那大家知不知道，在地壳运动的强大挤压作用下会发生什么呢？

此时，岩层会发生塑性变形，产生一系列的波状弯曲，叫做褶皱，样子就像是女孩子裙摆上的褶皱一样。进一步细分，褶皱的基本单位是褶曲，而褶曲有两种基本形态：一种是向斜，一种是背斜。

背斜外形上一般是向上突出的弯曲，刚好与向斜相对。在岩层关系上，背斜是典型的"中间老两翼新"，也就是说，岩层自中心向外倾斜，核部是老岩层，两翼是新岩层。

大家怎么区分背斜构造和向斜构造呢？

一般情况下，背斜的地表形态是山岭，而向斜则会变成谷地。但是也不尽然，这两个顽皮的孩子有时候也会对调着来迷惑你。由于向斜槽部受到挤压，底部岩性坚硬物质不易被侵蚀，经长期侵蚀后反而易接受沉积成为山岭；相应的背斜却会因岩性脆弱，岩石受外力拉张易被侵蚀而形成谷地。因此，如果我们要确定一个褶曲是背斜还是向斜，应该根据岩层的新老关系，而不能单凭地表形态来判断。

由于背斜岩层向上拱起，且油、气的密度比水小，所以背斜常是良好的储油、气构造。开发石油、天然气多寻找背斜构造。同时，背斜因其拱形结构，受力均匀，也是隧道、铁路等对地质要求较高的工程的主要选择。

风蚀长丘，看起来就是一条细长的垄岗，长度一般在10米~200米不等，也有特别完整能够延伸数千米的；高度多在10米~20米，特别高大的能达到50米。风蚀劣地则是一种支离破碎的残丘地面，丘体矮小，一般只有几米长，高度也不超过10米。它们最广泛地分布在柴达木盆地西北部，面积有2万多平方千米。

丘、戈壁、盐湖及盐土平原相互交错分布的景观。

柴达木沙漠的风蚀地貌面积占盆地内沙漠总面积的67％，主要分布在西北部，东起马海、南八仙一带，西达茫崖地区，北至冷湖、俄博梁之间的范围内。为什么会集中在这个区域呢？

这是地质和风共同表演的魔术。这个区域分布着古老的发育良好的短轴背斜构造，它们由数百万年前的泥岩、粉砂岩和砂岩所构成，主要呈西北——东南走向。这些构造岩层疏松，软硬相间，为风蚀地貌提供了发芽的土壤。

但仅有这样是不够的，风蚀地貌离不开风的推波助澜。这里的风刚好是西北方向，和构造的走向一致，很是默契。强烈的风蚀作用，最终形成了大量的风蚀长丘和风蚀劣地，它们的排列方向大致与风向相同。

知识链接 ✓

柴达木盆地是一个巨型的内陆盆地，它位于青海省的西北部，青藏高原的东北部。

什么是内陆盆地呢？

首先说说什么是盆地，人们把四周高、中部低的盆状地形称为盆地，盆地周围往往是高起的山或者高原。而内陆盆地就是在大陆内部河流纯为内流河的盆状地貌。

柴达木盆地底部海拔2500米~3000米，是中国最高的内陆盆地，与之对应的是吐鲁番盆地，那是世界最低的内陆盆地，大部分地面在海拔500米以下，有些地方比海平面还低。柴达木盆地面积24万多平方千米，是我国主要的四大盆地塔里木盆地、柴达木盆地、准噶尔盆地、四川盆地中的第二大的盆地。

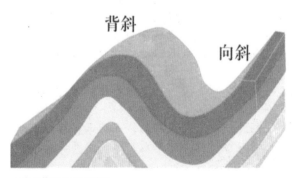

▲背斜构造和向斜构造

◆气候状况

柴达木沙漠极为干旱，而且干旱程度由东向西逐渐地增大。看看差别有多大？

东部年降水量在50毫米~170毫米，干燥度介于2.1~9.0之间。

▲都兰县的察汗乌苏河谷

西部年降水量仅为10毫米~25毫米，还不到东部的最小值，干燥度翻了好几番，在9.0~20.0之间。

◆水文状况

"柴达木"是蒙古语"盐泽"的意思，所以这里当然少不了盐湖，蕴藏有丰富的盐类和其他化学元素，包括盐、硼、钾、镁等。

◆旅游资源

顶着烈日走在茫茫的沙漠中，如果面前突然出现一片冰凉清澈的泉水，这该是多么惬意的事情！

这只能是海市蜃楼的幻觉吗？

不，你可以在柴达木沙漠邂逅这种惬意，它就是柴达木沙漠的珍珠——"间歇泉"。

在都兰县诺木洪乡，有一条宽约20米、深七八米的大土沟，在沟底，只见一条碧清的河流自南向北蜿蜒流过。这条河宽不过3米，但是水流很急，从岸上能够清楚地看到水中随波飘动的水草和河底的石块。大土沟向南延伸了

柴达木的盐湖

盐湖是咸水湖的一种，是干旱地区含盐度很高的湖泊。如果用精确的数据来区分，那么淡水湖的矿化度小于1克/升，咸水湖的矿化度在1～35克/升之间，而矿化度大于35克/升的就是盐湖。盐湖是湖泊发展到老年期的产物，它富集着多种盐类，是重要的矿产资源。

柴达木盐湖资源非常丰富，具体到什么地步呢？据初步勘探结果，柴达木盆地盐储量为600多亿吨，是世界盐矿之冠。600多亿吨是什么概念呢？用这么多的盐，可以在地球和月球之间架设一座6米厚，12米宽的盐桥。其中，察尔汗盐湖是我国、也是世界上储量最大的盐湖，它储存着500亿吨以上的氯化钠，可以让全世界的人吃1000年。

盐湖都有水吗？

这可不一定。有的盐湖是有水的，而且上层湖水很浅，盐分浓度大，清澈晶莹。在盐湖表层水的下面，则是五彩缤纷的各种结晶盐类。有的盐湖则是早已干涸的干盐湖，湖水储存在盐类沉积物的晶隙中，这样的盐湖整个湖面都被白色的结晶盐类所覆盖，尤如银装素裹，耀眼夺目。还有的盐湖表面受长期风沙侵蚀的影响，盐类和泥沙混杂，凝结成褐色盐盖，下面才是雪白晶莹的盐粒。大家可不要小瞧这种褐色盐盖，它跟大家平时见到的细小松散的食盐完全不同，而是像岩石一样异常坚硬。

到底有多硬呢？

有科学家做力学实验，证明每平方厘米盐盖可以承受14千克以上的压力。如果你还不相信，完全可以自己去盐盖上走一走，就跟走在平地上一样，一点都不会陷下去，甚至建工厂、筑铁路、修机场都没问题。

著名的察尔汗盐湖就是一例，青藏铁路由北而南建设在它的盐盖之上，奇迹般地铺砌了32千米长的盐湖铁路。与铁路相平行的，还有一条50年代修成的横跨盐湖的公路，有36千米长，被人们赞颂为"万丈盐桥"，路面平坦光滑，与柏油路面并无两样。每当路面出现坑洼时，只要用路边的盐卤水浇在坑洼处，第二天这条路就又平坦了，比柏油马路还方便维护。

数百米就分成了东西两岔，越
往南走，河水越小，两岸沟坡
上的泉眼越来越多。

有的地方拥挤着许多个泉
眼，它们像是熟悉的朋友热烈
地拥抱着，不分你我地欢快喷
涌；有的泉大水旺，独自傲立
坡头，汹涌澎湃地展示着自己
的身姿；有的则是涓涓细流，

▲察尔汗盐湖

文静得几乎让人分辨不出是泉眼。由于泉水的涌动，随之冒出的细沙在泉眼
周围形成了千奇百怪的形状。这些泉眼大概是源自不同的地层，带出的细纱
色彩也各不相同，有的褐红，有的青灰，有的鹅黄，有的则显黑绿。

据当地人介绍，这里的泉水一年四季长流不断，无论旱涝，泉水的流量
不涨不消，即使在数九寒天也不会结冰，反而会冒出热气，真是神奇！

"野骆驼之家"——库姆塔格沙漠

"库姆塔格"是维吾尔族语，"库姆"为沙漠，"塔格"为山，"库姆
塔格"即为沙山的意思。

大家知道，在中国西部，有两个同名同姓的"库姆塔格沙漠"：一个是
位于新疆的鄯善库姆塔格沙漠，另一个是甘肃和新疆交界处的甘新库姆塔格
沙漠。后者正是我们要为大家介绍的"野骆驼之家"。

◆分布面积

甘新库姆塔格沙漠分布在甘肃省西部和新疆维吾尔自治区东南部交界
处，大致位置北接阿奇克谷地——敦煌雅丹国家地质公园一线，南抵阿尔金
山，西边以罗布泊大耳朵为界，东接敦煌鸣沙山和安南坝国家级保护区。

这片沙漠面积约2.4万平方千米，是中国第六大沙漠。

◆地势地貌

这片沙漠的部分地形是大家已经在前文中熟悉的，包括雅丹地貌、格状
沙丘、新月形沙丘、蜂窝状沙丘、金字塔形沙丘、星状沙丘和线状沙丘等，但

还有一种新的沙丘类型将在这里出场，它就是库姆塔格沙漠独有的"羽毛"状沙丘。

◆生物状况

在库姆塔格沙漠，生存着一种国家一级保护动物——野骆驼。其实它几乎与国宝熊猫一样稀有，但相比于人们给予熊猫的高度关注，大家很少了解野骆驼在这些地球上最恶劣的气候条件下是怎样艰难地生存下来的。

其实野骆驼在历史上曾经存在于世界上的很多地方，但由于人类活动的扩张，至今仍在野外生存的，就只存在于蒙古西部的阿塔山和我国西北一带。大家有没有发现，这些地区都是沙漠和戈壁这样的"不毛之地"，也就是很少有人类居住的地方。野骆驼不一定喜欢这样的恶劣环境，但至少，这个家园是属于它们的，在这里不会受到人类活动的干扰。

野骆驼拥有一项很强大的能力，是人类完全做不到的——它能靠喝盐水生存。成天喝咸咸的盐水，大家肯定觉得无法忍受，而野骆驼却年年月月喝着这种水，而它的肝竟然也慢慢适应了这种情况。在整个世界上，再没有其

▲鼎湖山自然保护区

他动物能有这种本领。当然这并不是因为野骆驼喜欢喝盐水，谁都知道喝这样的水不容易，好些两岁以下的小骆驼就因为肝不能适应而死去，但是为了在这个唯一的家园生存，也只好如此了。

野骆驼还有一个很有趣的习惯，就是它能够几百年来沿着同一条道路迁徙。在沙漠中，野骆驼的脚印总是重重叠叠，从一个盐水泉延伸向另一个。因为这些野骆驼总是排成一队沿着老路走，而且个个紧紧跟随，所以在沙漠上留下了深深的印迹。当盐水泉边的植物被吃完时，它们就迁向别处。

◆旅游资源

为了保护野骆驼，还有其他的珍贵物种，库姆塔克沙漠建立了三个国家级自然保护区，它们分别是新疆罗布泊野骆驼国家级自然保护区、甘肃安南坝野骆驼国家级自然保护区和甘肃敦煌西湖国家级自然保护区。下面就为大家一一说明。

最早的是2003年6月正式设立的新疆罗布泊野骆驼国家级自然保护区，总面积7.8万平方千米。目的是为了保护罗布泊地区特有的极旱荒漠生态系统和自然地貌，维持荒漠珍稀生物物种的天然

> **知识链接** ✓
>
> 库姆塔格沙漠的"羽毛状沙丘"其实是由两种风沙地貌一同构成：东北-西南走向的新月形沙丘前后相连，构成的沙垄就是"羽管"；垄间分布着波状微起伏的"大沙波"，这些明暗相间并带有一定高差的沙带就是"羽毛"。"大沙波"与"沙垄"的夹角在75°～103°左右，"羽管"与"羽毛"向两边伸展，合作组成了类似"羽毛"的沙丘轮廓。
>
> 不过羽毛状沙丘的形态在地面上是看不出来的，大家如果想要形象地看，还得看航片，或者飞到空中去看。
>
> 科学家们对羽毛状沙丘的下伏地层进行了观测，发现下伏地层为湖相、河相、风成相沉积地层，这让科考队的专家学者们惊喜不已。这些下伏地层的露头十分罕见，在茫茫沙漠中能够找到它们并不容易，它们能为研究"羽毛状"沙丘的提供各种信息密码。有了它们的帮助，"羽毛状"沙丘的发育年代、形成机理、物质来源等长期困扰沙漠科学界的问题，将迎刃而解。

栖息地，挽救世界上仅存于中国和蒙古的极度濒危物种——野骆驼。

另一个野骆驼栖息地是甘肃安南坝野骆驼国家级自然保护区，总面积为396000公顷，2006年正式设立。这个保护区内居住着第四纪遗留下来的化石动物——濒临灭绝的双峰野骆驼，是它们主要的饮水地。

最后介绍的是甘肃敦煌西湖国家级自然保护区，它位于库姆塔格大沙漠东沿，与罗布泊相邻，面积66.34万公顷，占敦煌面积的20%。与其他两个保护区不同，这个保护区内分布着大面积原始天然植被、野生动植物和天然湿地。

敦煌西湖又叫"哈拉湖",以"哈拉诺尔"得名,在蒙语中的意思是"黑海"。在很久之前,古老的丝绸之路曾经从保护区内穿过,如今时光荏苒,这里成了鸟儿的迁徙之路。由于保护区恰好位于中国候鸟三大迁徙途

▲敦煌湿地

径西部路线的中段,区内又拥有11.3万多公顷湿地,包括季节性和永久性两种,对于长途跋涉的鸟儿正是一片休憩乐园。每年春秋两季,大家都可以见到很多南来北往的候鸟在这里停歇。

在罗布泊干涸,塔克拉玛干、库姆塔格两大沙漠即将合拢的今天,保护区里的这些荒漠森林与湿地植被,是敦煌绿洲赖以生存的绿色屏障,可以毫不夸张地说,保护区的存亡关系到敦煌的生态安全,甚至是整个中国西部的生态平衡。

◆人类活动

虽然库姆塔格以地貌类型多样、沙丘类型复杂著称,而且分布有独特的羽毛状沙丘,但由于自然条件恶劣等多方面原因,这片被列为中国第六大沙漠的广袤区域曾一度成为沙漠科考的禁区。所以库姆塔格曾经是国内所知最少

▲库姆塔格沙漠

新疆鄯善库姆塔格沙漠

大家如果在地图上仔细观察，会惊讶地发现鄯善库姆塔格沙漠与人类的城市生活接触如此"亲密"，它的位置就在新疆维吾尔自治区鄯善县老城的南边，甚至还和老城的东环路南段相连。

对，1880平方千米的新疆鄯善库姆塔格沙漠正是世界上唯一一个与城市相连的沙漠，全称为"鄯善县库姆塔格沙漠风景名胜区"。

确切地说，新疆库姆塔格沙漠属于塔克拉玛干大沙漠的一部分。沙漠内多流动沙丘，且快速向西南移动，有与塔克拉玛干沙漠会合的趋势。

鄯善库姆塔格沙漠的形成，主要是因为来自天山七角井风口和达坂城风口的风。力大无穷的狂风沿途经过长距离飞奔，挟带着大量沙子，最后在库姆塔格地区相遇碰撞并沉积，形成"有沙山的沙漠"这一独特的景观。这里的沙丘轮廓清晰、层次分明，远远望去，只见丘脊线平滑流畅，迎风面沙坡似水，背风坡流沙如泻。站在大漠深处沙山之巅，可静观大漠日出的绚丽，目睹夕阳染沙的缤纷。

大家如果在盛夏来这里，会发现沙漠处处热浪袭人，仿佛燃烧着熊熊火焰。到这里没多久就会大汗淋漓、热气绕身，好像处在桑拿室里似的。但是，在沙漠的北缘，又有一条清澈明净的小河，潺潺流水，傍依沙山蜿蜒西去。在小河两旁，随处可见的柳树、杨树挺拔伫立。如果大家置身这片葱绿之中，听流水淙淙，任凉风吹拂，气温可骤降20～30℃，顿时又令人倍感凉爽。

风景区中最有特色的旅游项目是沙雕艺术节。鄯善县曾经是古丝绸之路要冲，西域文明在此留下了闪光的一页，所以，挖掘和弘扬丝路文化，通过艺术手段再现丝路文化的风采，是鄯善县库姆塔格国际沙雕艺术节永恒的主题。如果大家不满足于仅仅用眼睛看，那么，不妨试试这里的沙疗。它是维吾尔族医学的重要组成部分，已有上千年的历史。操作方法简单易行，对治疗风湿和类风湿关节炎、腰酸背痛腿抽筋、风寒病、免疫力下降等多种疑难杂症，具有神奇的疗效。

的沙漠，27年前著名科学家彭加木就在这个沙漠边缘罗布泊失踪，从而使库姆塔格长期以来笼罩着一层神秘的面纱。

2006年12月，库姆塔格沙漠综合科学考察项目正式获得科技部批准立项，这个项目聚集了多方面的研究人员，包括中国林科院、中国科学院、教育部、中国气象局和甘肃省等18家科教机构的150多人。这个考察项目结束了我国沙漠科学界以前只能靠航片、卫星影像对库姆塔格沙漠进行研究的状况。

研究人员先后组织开展了两次大规模、综合性、全方位的沙漠科考和20多次的专业化学科组调查取样，累计在野外工作150多天，行程超过12万千米。

目前库姆塔格沙漠独有的羽毛状沙丘形态已初步探明，科研人员还首次发现沙砾碛这一独特地貌单元，获得了大量基础资料。2007年科学家们公布了四大新发现：

1. 大峡谷内清泉流淌。人们在库姆塔格大沙漠的西南

知识链接 ✓

自然保护区相关知识

自然保护区这个名字，大家都很熟悉了，可能也去过不少了，到底什么叫自然保护区呢？

所谓自然保护区，是指国家为了保护珍稀和濒危动、植物，保护各种典型的生态系统和地质剖面而划定的特殊区域的总称，并且允许在指定的区域内开展旅游和生产活动，也是进行自然保护教育和科研的重要场所。

按照保护的主要对象来划分，自然保护区可以分为生态系统类型保护区、生物物种保护区和自然遗迹保护区3类。按照保护区的性质来划分，又可以分为科研保护区、国家公园也就是风景名胜区、管理区和资源管理保护区4类。

大家知道我国第一个自然保护区是什么时候建立的吗？1956年在广东鼎湖山建立的自然保护区是我国第一例。从这第一个自然保护区建立以来，我国自然保护区经历了从无到有、从小到大、从单一到综合的过程。

目前全国共建立自然保护区2300多个，总面积150万平方千米，约占陆地国土面积的15%，形成了布局较为合理、类型较为齐全的自然保护区体系。截止2005年3月，加入联合国"人与生物圈保护区网"的自然保护区有：武夷山、鼎湖山、梵净山、卧龙、长白山、锡林郭勒、博格达峰、神农架、茂兰、盐城、丰林、天目山、九寨沟、西双版纳等26处。

部，首次发现了两条大峡谷。这两条大峡谷相距十多千米，谷内不仅有怪石嶙峋，更有泉水流淌。专家们认为，沙漠中存在如此完整壮观的峡谷地貌，在中国八大沙漠里绝无仅有，堪称自然界奇观。2010年初，由于新疆地区大面积降雪，库姆塔格沙漠大峡谷水量增加，峡谷甚至出现了罕见的冰瀑、冰川奇观。

2. 沙漠北部有"沙生柽柳"。科考队在沙漠北部阿奇克谷地发现抗旱植物——"沙生柽柳"新的分布区，这对研究抗旱植物、防止沙化具有十分重要的意义。此次发现的柽柳属少见种类"盐地柽柳"和"白花柽柳"。

3. 沙漠中有野骆驼。科考队在库姆塔格沙漠北部及南部，先后总计见到了近40峰野生双峰驼活动，其中观察到多峰幼驼。

4. 沙漠腹地还有季节河。专家们在沙漠南部多个沟道欣喜地发现有泉水出露，在沙漠腹地还出现了季节性河流和尾闾湖。

此外，科考队的地质、地貌、气候、水文、土壤、植被、动物、测绘、综合等专家小组，还从各个方面对库姆塔格沙漠进行了调查和基础数据的采集，内容几乎包括所有你能想到的研究课题——沙漠分布规律、沙丘类型与沙丘形态特征、沙漠形成时代及演化过程、沙漠区域气候环境特点、地表水文状况及古水文网的变迁、植被分布与植被类型特征、土壤特征、资源与环境状况……这些发现对深入研究库姆塔格沙漠具有重要的价值和意义。

▲野骆驼

"弓上之弦"——库布其沙漠

库布其在蒙语里的意思是"弓上的弦"。这个沙漠风光独特，迤逦东去的茫茫黄沙，远眺如同一束弓弦，而奔腾的七百里黄河恰似那弓背，组成了巨大的金弓形，这份宏伟的气魄，让你不由地联想到"弯弓射雕"的一代天骄成吉思汗。

◆分布面积

库布其沙漠总面积约16 100平方千米，主要分布在内蒙古自治区鄂尔多斯高原脊线的北部，也包括内蒙古自治区伊克昭盟杭锦旗、达拉特旗和准格尔旗的部分地区。

在地图上看，大家会惊奇地发现，这个沙漠就在中国文化摇篮——黄河的中游南岸，沙漠的西、北、东三面都以黄河为界线。而且，库布其沙漠还是离我们的首都北京距离最近的一个沙漠。有多近呢？库布其的沙尘只需要两个小时就可以到达北京。

◆地势地貌

库布其沙漠整体地势是南部高，北部低。从南往北看，沙漠南部是构造台地，中部是风成沙丘，北部则是河漫滩地。从西往东看，沙漠西部没有河流穿过，分布比较完整，而有几条发源于高原的季节性河流自南向北穿过，河流的切割使得沙漠分布显得比较零散，但同时河流也使沙漠东部拥有了小片干草原带。

在沙漠地貌方面，流动沙丘占据绝对优势，流动沙丘面积约占沙漠总面积的80%。这些沙丘的形态主要是沙丘链和格状沙丘。在沙漠北部的黄河河谷平原上，还分布有一些零星低矮的新月形沙丘。而固定、半固定的灌丛沙堆仅分布于沙漠的边缘地带，主要是南部边缘多一些。

知识链接 ⊘

干草原是指在半干旱气候条件下，以旱生的多年生草本植物占优势的草原植被。它属于草甸草原与荒漠草原之间的过渡类型，又叫典型草原，

干草原没有自然成林现象，即使在阴坡，也只能生长一些灌木。另外，干草原地区每年春季都非常干旱，经常刮旱风，只要是旱风刮过的地方，草木就会焦枯。这是干草原与草甸草原在生态环境方面最大的区别。

库布其沙漠的沙是哪里来的呢?

大家可以一起做一回福尔摩斯。从地缘上看,库布其沙漠的北边是黄河,再往北是阴山西段狼山地区。由此推断,沙漠组成物质可能有三个来源:一是来自古代黄河泥沙冲积物;二是来自狼山前洪积物;三是就地起沙。大家进一步推断会发现,库布其沙漠的沙丘几乎全都是覆盖在第四纪河流淤积物上,因此,沙源来自古代黄河冲积物的可能性更大些。

仅仅有沙还不足以构成沙漠,那其他条件是什么呢?

自商代后期到战国阶段,这里的气候变得干冷多风,不但使沙源裸露,而且提供了地表物质变化和移动的动力条件。所以我们可以大胆推断,库布其沙漠应该

> **知识链接** ⊙
>
> ### 河流阶地
>
> 当一个地区受到构造上升或气候剧变,促使河流在它以前的谷底下切,使原谷底突出在新河床之上,成为近于阶梯状地形,就叫河流阶地。
>
> 阶地由阶地面、阶地陡坎、阶地的前缘后缘组成,按上下层次分级,级数自下而上按顺序确定,愈向高处年代愈老。阶地表面常遗留昔日谷底或河漫滩的沉积物。
>
> 河流阶地按组成物质及其结构分为4类:①侵蚀阶地。由基岩构成,阶地面上往往很少保留冲积物。②堆积阶地。由冲积物组成。根据河流下切程度不同,形成阶地的切割叠置关系不同又可分为上叠阶地和内叠阶地。前者是新阶地叠于老阶地之上,后者则是新阶地叠于老阶地之内。③基座阶地。阶地形成时,河流下切超过了老河谷谷底而达到并出露基岩。④埋藏阶地。即早期的阶地被新阶地所埋藏。

就是在此期间形成的。而从考古发现的这一时期古文化遗址和遗物的罕见程度,也说明了上述时期的生态环境是极其恶劣的。

◆气候状况

库布其沙漠的气候类型属于温带干旱、半干旱区气候,特点是气温高、温差大,气候干燥、多风。

具体细分到每一个区域的话,沙漠东、中、西部各具特色,东部和中部降雨多,水分条件较好,属于半干旱区;西部降水少,属于干旱区,但是热

量丰富。

◆水文状况

库布其沙漠各区域的水文状况各不相同：西部地表水很少，水资源缺乏，仅有内流河沙日摩林河流向西北消失于沙漠之中。同时沙漠西部和北部地下水因为靠近黄河，水位较高，水质也较好，属于黄河灌溉区之内。

而中部和东部则有发源于高原脊线北侧的季节性沟川约10多条，这些沟川很长，冬季干枯，夏季水量充足，对比非常鲜明。

在流经沙漠的沟川两岸，经常分布有大大小小的河流阶地，这些地方地下水深度往往只有1米~3米，土壤肥力也较高。对于任何生命来说，水和土地都是至关重要的影响因素，沙漠中同时拥有这两个因素的地方，很自然就会出现星罗棋布的沙漠绿洲景观，形成较优越的局地小气候条件。

◆生物状况

由于库布其沙漠处于台地与阶地的分界线上，东、西区域又分成了干草原和半荒漠两种地貌，所以大家也可以猜到，沙漠地貌的多样性，一定会带来生物尤其是植被的多样性及它们呈现出曲线性、过渡性和复杂性的分布特色。

沙漠内植物种类繁多，主要是沙漠、草原、荒漠的特有植物，其中野生药用植物尤为丰富。经过普查，旅游区附近有中蒙药材250多种，其中蒙药植物就有65种，另有动物药材30多种、矿物药材7种，具有地方特色，也有较高的开发价值。

先来说说库布其沙漠的植物大家族吧，因为地区差异很大，所以还是按地区来分。西边是棕钙土，主要是荒漠草原植被类型，西北边有部分灰漠土，是草原化荒漠植被类型。西部和西北部半灌木最多，比如狭叶锦鸡儿、藏锦鸡儿、红沙以及沙生针矛、多根葱等

▲芒硝

等。

再来看看北边的河漫滩地，土地类型是不同程度的盐化浅色草甸土，有谁会乐意住在这里吗？当然有，这里分布着大面积的盐生草甸和零星的白刺沙堆。

而东部地带性土壤为栗钙土，是干草原植被类型，最典型的是多年生禾本科植物。它们还有一些邻居是小半灌木，比如百里香，偶尔也会有达乌里胡枝子、阿尔泰紫菀等在这里安家落户。

库布其沙漠中的植物家族这么热闹，动物当然也不甘寂寞。这里有不少兽类、禽类、爬行类和昆虫类，比如狐狸、兔、蝙蝠、黄鼬、褐家鼠、跳鼠、沙鸡、鸽、夜鹰、大杜鹃、隼、野鸭、伯劳、

▲响沙湾

鹤、沙蜥、蜻蜓等，其中不少有较高的旅游开发利用价值和药用价值。

◆旅游资源

库布其沙漠旅游资源丰富，比起其他沙漠的单调，它的天然景观种类多样，既有沙漠，又有湖群，还有草原、黄河、丘陵、湿地、绿洲等等，让旅行者在欣赏浩瀚大漠的同时有了更丰富的选择。

所有景点中，最著名的莫过于七星湖。

七星湖是由七个小湖组成的湖泊群。它们原本是黄河故道残留的冲击湖，由于呈北斗七星状排列，所以有了"七星湖"这个名字。早在康熙年间，七星湖就有了文字资料记载，人们说："天上北斗星，人间七星湖。"

七星湖的七个湖泊中,扎汉道图、东达道图、大道图三海统称道图海，彼此以沙山相隔，空气洁净，好似三颗明珠并列镶嵌在苍茫的库布其沙漠之中。

为什么三个海子都以道图取名呢？

这是神奇的传说赋予它们的浪漫色彩。据说，过去这里有一种水牛鸟，眼睛大得像饭碗，四肢像木椽，身体像牛，叫起来就跟牛吼一样，但它又很灵活，在空中盘旋轻如羽毛。许多飞禽走兽都把它看成怪物，只要看到它的影子，便都躲藏起来。当地蒙古族牧民认为这种鸟能够为人们消灾免难，带来吉祥，为它取名"道图"，就是"响"的意思。

扎汉道图则位于三个海最东边，水面面积达1 200亩，水中生长着芦苇，不时有鸟儿栖息玩耍。

东达道图位于三个海的中间，面积约2 800亩，水中自然生长着多种鱼类及虾类，是鸟的欢乐世界。

大道图，又叫伊肯道图，位于三海的西端，这里水面开阔，水深而清澈，微风拂过，泛起波光涟涟，加上摇曳的茂密芦苇，让人仿佛觉得置身于

●━━ **知识链接** ⌄

遗鸥

大家是不是对遗鸥这个名字很陌生？这并不奇怪，因为它本身是一种很罕见的鸟儿，而且直到1931年才被人们发现。

当时任瑞典自然博物馆馆长的动物学家隆伯格在额济纳旗采到了一些鸟类标本，并第一次写文章提到了遗鸥，意思就是"遗落之鸥"，遗鸥从此才开始被科学界认知。这之后，一直到1971年，才由苏联鸟类学家在现哈萨克斯坦境内的阿拉湖发现了遗鸥的一个小规模独立繁殖群，此时，遗鸥才第一次以独立的物种面对世人。

遗鸥长大之后有两种颜色的羽毛，夏天时，它的整个头部是深棕褐色的，深棕褐色由上延伸到后颈，向下延伸到前颈，逐渐过渡成纯黑色，与白色颈部相衔接。身体也以白色为主，远远望去黑白分明，非常可爱。到了冬天，遗鸥的头部为白色羽毛，只在颈部有一些暗黑色斑。

遗鸥喜欢栖息在开阔平原和荒漠与半荒漠地带的咸水湖泊或淡水湖泊中，它的适应性很狭窄，尤其对繁殖地的选择，更是近乎苛刻。它到底有多挑剔呢？迄今在地球上发现的遗鸥巢，无一不在湖中之岛上。也就是说遗鸥只在干旱荒漠湖泊的湖心岛上生育后代，在其他地方不繁殖。

世外。淡水湖中还生长着甲鱼、红拐子鱼、鲫鱼、白鱼、鲶鱼等几十种原生鱼类。

这几个道图海子内都是芦苇丛生茂密，每年春秋，大批白天鹅、遗鸥、青章、鹤、地哺等十几种珍奇鸟类来此栖息。海子里众鸟齐翔，百鸟争鸣，一派生机勃勃的景象，这可以说是库布其沙漠中的一个奇观。当地牧民将白天鹅视为神鸟，倍加爱惜，和谐相处。据有关部门考察，每年来此栖息的白天鹅约有3000只、遗鸥2000只，其他未辨认清楚的各种飞鸟上万只。如此丰富的野生动物鸟类资源适于建设自然保护区，以保护来推动旅游业的发展。

其他几个海子虽然不大，却也各有特色：

神海子，在高达30米的沙山下，金黄色的沙丘和蔚蓝色湖面形成强烈反差，很有震撼力。周围3米高的芦苇荡锁住一汪碧水，湖水深不可测，给人以圣洁、神奇的感觉。

小泡子又叫珍珠湖，这个湖周边平坦宽敞，土质坚硬，湖水的数量随着降雨量而变化，别具一番风格。

最为神圣的是伊克尔神湖，也叫神鱼湖。它是蒙古族牧人世世代代朝拜的圣地。这个湖的形状像葫芦，风景独特，湖边芦苇环绕。到了夏天，湖中总是荷花盛开，这里的各种鱼类拥有令人羡慕的生活，因为它们被当地人视为神灵，千百年来任由其自生自灭，从不捕食。

最后介绍的是月亮神湖，这个湖的形状就是半个月亮。湖里有大量的田螺，在高度缺氧时，它们被迫上岸，成了鸟类喜爱的食物，再加上周边的绿洲草场和锁住黄沙的沙枣林带，使这里成为沙漠里的世外桃源。

目前，为了保护这里的生态环境，七星湖旅游区只将伊肯道图湖作为重点开发，而让其余六个海子

知识链接 ⊙

阿尔泰紫菀还有一个更可爱的名字，叫做狗娃花，它是多年生的草本植物，在五六月份开花。

狗娃花最喜欢温暖湿润的气候，但是它并不挑剔，既耐寒又耐涝，生命力很强，可以生长在草原、荒漠地、沙地甚至是干旱山地。不仅如此，它在医学上还有温肺、祛痰和止咳的作用，是一种平凡却很有用的植物。

继续保持它们的纯自然状态。

看过海子的美丽晶莹，下面要介绍的是一个颇为奇特的景观——"银肯"响沙。

"银肯"是蒙语，可以翻译为"永久"，"银肯"响沙是指库布其沙漠腹地内的一条浩瀚的响沙带。当地人又叫它"响沙湾"，或者是蒙语的"布热芒哈"，意思就是"带喇叭的沙丘"。

这条"带喇叭的大沙丘"到底有多大呢？按东西方向丈量，有100千米长，沿着南北走，也还要5千米。高大的沙丘横亘数千米，金黄色的沙坡掩映在蓝天白云下，有一种"茫茫沙海入云天"的壮丽景象，就像是沙漠昂起的龙头。

响沙湾沙高110米，依着滚滚沙丘，处于背风向阳坡，地形呈月牙形分布，坡度为45度角倾斜，上面没有任何的植被覆盖，形成了一个巨大的天然沙丘回音壁。在干燥的条件下，这里的沙子只要一受到外界触动，就会发出"嗡嗡"的轰鸣声，四季都是如此。不管是外界的撞击，还是脚踏，或者是用物品碰打，沙湾都会唱起歌来回应你。声音轻的时候像青蛙"呱呱"的叫声，重的时候像是有飞机在头顶"嗡嗡"飞过，有时候来的突然，就像惊雷贯耳，也有人说，细细地听，这声响就是一首辉煌的交响乐。

人来沙响，人走沙静，这响沙湾仿佛懂得一些默契似的。有人曾把这里的部分沙子搬移到其他地方，结果沙子就"哑巴"了。

▲遗鸥

为什么响沙湾的沙会"唱歌"呢？

其实响沙是一种自然现象，只是目前尚未得出令人信服的科学解释。很多对此感兴趣的科学工作者进行过考察。有人认为，由于这里气候干燥、阳光长久照射，使沙粒带了静电。一遇外力，就会发出放电的声音。

也有人分析，是因为晴天阳光照射，水汽蒸发，河面上空形成了一道人眼看不到的蒸汽墙。这种"蒸汽墙"与月牙形的沙丘向阳坡正好构成一种天然的"共鸣箱"，产生出共鸣声响。还有人认为，响沙湾沙丘之中的含金量较大，因此发出响声。不管是"地形说"还是"静电学说"，到现在为止，还没有哪种解释能将响沙湾的谜团彻底解开。

想要真正体会响沙的魅力还是要亲临现场，若有机会去往响沙湾，大家不妨攀着软梯，或是乘坐缆车，登上响沙顶。你会见到茫茫的沙海，还有同样茫茫的天空，这尽收眼底的空旷，不是语言所能表达的。踏着响沙嬉戏，探究响沙之奇，沐浴响沙的温暖，摄影留念，再沿着坡面顺沙滑下，这份悠然和趣味，真可谓独一无二。

▲库布其沙漠

对于喜爱穿越的旅游者来说，响沙湾仅仅是一个开始。距离响沙湾50千米左右的贝格恩绿洲才是目的地。这条路线中间有黑赖沟和西柳沟两条季节性河流，这里人迹罕至，野鸟游鱼，美不胜收，是不少"驴友"喜爱的探险徒步路线，但也正是因为比较原始，没有成型的道路，对体力要求比较高。

那路线的目的地贝格恩到底是什么地方呢？竟有这么大的吸引力？

贝格恩绿洲被称为"中国第一人造沙漠绿洲"。

"恩格贝"是蒙古语，意思是平安吉祥。在历史上，这里是一块水草丰美的地方，曾是这一地区的经济文化中心。这里有默默无言的秦砖汉瓦，有穆桂英征西时筑起的西元城，这里的土地曾经牲畜成群，庙宇曾经香火缭绕，经灯长明……然而，战乱、洪水、滥伐、滥垦终于让黄沙抹平了这里的景色，使牧人丢弃了草场，农人舍弃了家园。

这并不是第一块因为人类违背规律藐视自然而荒废的土地，也不是最后一块，但是，因为许多人的努力，这个令人可惜的故事有了一个不同的结尾。

1989年以来，一批批开发沙漠志愿者放弃城市生活，进驻恩格贝。原始式的油灯点燃了希望之光，狂风沙暴中孕育出了绿色。从此，三十万亩土地开始发生了日新月异的变化。

1989年，中德两国在恩格贝合作实施风力发电项目。1990年，日本沙漠绿化实践会会长远山正瑛教授带领他的协力队来恩格贝植树。至今，这位年逾九旬的老人，已发动日本国民数千人次，带着铁锹，背着树苗，扶老携幼，远渡重洋，传情播绿，种下了200多万棵树木。

恩格贝的事业，托付着人类对自身生存环境的忧患与希冀，它得到中国政府的支持，也得到各国各界人士的鼎力相助。在十年时间里，恩格贝的农业、林业、牧业、水利、渔业、旅游业从无到有，渐上台阶；科研、工业、贸易、种植、养殖、加工等力争上游，使这块曾被人类放弃的土地，重新发出光彩。

恩格贝的事业是属于全人类的。这个传奇般的故事让我们懂得，人类共同拥有一个地球，我们应当一同呵护我们的"母亲"——大自然。

◆人类活动

大家别看库布其是沙漠，其实也是"粮仓"。这是怎么回事呢？

库布其东部地带因为有较好的光、热、水组合条件，很适合粮食作物和经济作物生长。而在沙漠北部的黄河成阶地地区，以泥沙淤积土壤为

知识链接 ✓

台地指的是沿河谷两岸或海岸隆起的呈带状分布的阶梯状地貌，是由平原向丘陵、低山过渡的一种地貌形态。

台地看起来就是一个凸起的面积较大且海拔较低的平面，台地中央的坡度平缓，四周比较陡，直立于周围的低地丘陵。有人认为台地是高原的一种，但是一般来说，我们把海拔较低的大片平地称为平原，把海拔较高的大片平地称为高原。台地虽然比平原要高，但还是介于平原和高原之间，海拔在一百至几百米，离真正的高原还有"差距"。

主，土质肥沃，水利条件好，是黄河灌溉区的一部分，粮食产量比较高，甚至有"米粮川"之称。

除了农业之外，库布其沙漠里蕴藏着7种矿物药材，分别是石膏、芒硝、马勃、食盐、人工白、人中黄、血余炭等，别看名字不起眼，它们可都是宝贝。

▲马勃

马勃又叫灰菇、马蹄包，还有个很不雅的名字叫牛屎菇。它嫩时是白色的，圆球形就像蘑菇，但比较大，鲜美可食，嫩如豆腐。老了以后变成褐色，而且样子虚软，用手一弹，就会有粉尘飞出。据说印第安人曾用它做"催泪弹"抗击入侵者。现代医学上主要用它做局部止血药，兼治咽喉痛、失音等。

人中黄长成圆柱形，外表和断面均是暗黄色，样子比较粗糙，质地紧密坚硬，可以看见甘草纤维纵横交错聚集，表面易剥落。它主要用于清热凉血，泻火解毒。

血余炭是大小不规则的块状物，颜色乌黑而光亮，表面平坦并有多数小孔，看起来有点像海绵，折断面成蜂窝状，质轻松易碎。它有消瘀、止血、利小便等功效。

其实库布其沙漠最宝贵的东西，或许正是它自身的变化。十多年来，库布其沙漠生态的巨大改观，是一个奇迹。

20世纪末，库布其沙漠曾是一望无际的沙洲，被水土保

▲人中黄 护专家称为"地球癌症"。生活在这里的人们不会忘记，库布其沙漠80%为流动沙丘，肆虐的黄沙每年吞噬掉大量的草场和农田，甚至还加剧了首都北京的沙尘暴。

如今，库布其沙漠有了新的面貌，一丛丛、一簇簇的沙柳、沙棘、沙打

▲库布其沙漠河流阶地

旺和甘草等守护着5条纵贯南北的大漠通途，正在把绿色的触角伸向大漠深处。

数字尽管枯燥，但它最能简洁说明库布其沙漠10年来的生态变迁。库布其沙漠沿黄河长240千米，已治理210千米。治理前即2000年之前，东沙拐沙漠与黄河"接吻"段达40千米，治理后不足10千米。西沙拐沙漠与黄河相连10千米，治理后只剩五六千米。

沿着库布其沙漠的北缘从东向西行进，大家会看到，靠近黄河一侧五六千米宽的许多地段已经变成了林草茂盛的林带，靠近沙漠腹地一侧，一棵棵高高低低的杨树、沙柳、柠条，像一个个卫士守候在沙丘上、沙沟里。这些耐旱的林草手拉着手，组成一条长200千米、宽5千米左右的护卫长队，挺立在沙漠与黄河之间，保护着身边川流不息的黄河。

库布其沙漠的绿色来之不易，它是一个希望，也是一种责任，对于人类来说，家园只有一个，保护它是每一个人责任。

"红色公牛"——乌兰布和沙漠

在蒙语中，"乌兰布和"的意思是"红色的公牛"，这对于乌兰布和沙漠，可谓名副其实。

大家不要误会，这并不是说乌兰布和沙漠是红色的，而是指这个沙漠的破坏力特别强大，扩散速度非常快，就像是暴躁的公牛一样，横冲直撞，将路上遇到的东西统统破坏。

◆分布面积

乌兰布和沙漠位于内蒙古西部阿拉善高原东北部，在内蒙古自治区西部巴彦淖尔盟和阿拉善盟境内。它的西北部以狼山为界，东北部与河套平原相邻，东边靠近黄河，向南延伸到贺兰山北麓，向西一直到吉兰泰盐池，以阿拉善左旗的吉兰泰——图库木公路为界。

　　乌兰布和沙漠南北最长170千米，东西最宽110千米，总面积约为10000平方千米，是我国第八大的沙漠，同时它也处在我国西北荒漠和半荒漠的前沿地带。乌兰布和沙漠的海拔大体在1 028米~1 054米之间，地势由南偏西倾斜。

▲飞播造林

◆地势地貌

　　就大地形来说，乌兰布和沙漠属于阿拉善高原的冲积平原，平均海拔约为1 050米。在地质构造上，乌兰布和沙漠是一个断陷盆地，被细沙和黏土状的第四纪冲积——湖积物所覆盖。从地貌类型看，乌兰布和沙漠的流动、半固定、固定沙丘，平缓沙地及丘间低地相互交错，呈复合状分布。

　　具体地说，乌兰布和沙漠有39%的面积是流动沙丘，有31%的面积是半固定沙丘，还有剩下的30%则是固定沙丘。流动沙丘主要分布在沙漠的东南部和南部；沙漠中部主要分布着垄岗形沙丘；沙漠西部是古湖积平原，那里除了有吉兰泰盐湖外，还分布着高1米~3米的半固定沙垄，以及高1米左右的白茨灌丛沙堆；沙漠北部是古黄河冲积平原，多为固定和半固定沙丘，还零散分布一些低矮的沙丘链与灌丛沙堆。

◆气候状况

　　乌兰布和沙漠的气候终年被中纬盛行西风环流控制，属中温带典型的大陆性干旱气候。这里年平均降雨量只有102.9毫米，最大年降雨量也不过150.3毫米，最小年降雨量只有33.3毫米，年均蒸发量却可以达到2 258.8毫米。这里

▲风沙肆虐

年均气温7.8℃，温差很大，夏季最高可达39℃，冬季最低气温只有-29.6℃。

风沙危害是这里最主要的自然灾害，但是光热资源丰富。

◆生物状况

从上面介绍的气候状况，大家也可以猜到，乌兰布和沙漠降雨这么稀少，生态环境自然是比较脆弱的，植物种类相对贫乏。

乌兰布和沙漠的植物基本上都是由沙生、旱生、盐生类灌木和小灌木组成，也只有这些对当地生态环境具有极强的适应性和抗逆性的植物，才有可能在这片土地上生存。

◆水文状况

乌兰布和沙漠虽然降水极为稀少，但是它的地理位置部分地弥补了这个不足。因为濒临黄河，再加上乌兰布和沙漠整个地势都低于黄河水面，所以有引黄河水进行农业自流灌溉的条件。而且这里的地下水埋深仅5米~8米，浅层地下水资源丰富，水质良好宜于灌溉。据内蒙古河套总局勘测资料，浅层承压水、半承压水极为丰富，有100米含水层，总储量为57亿立方米，而且水质良好，是农业灌溉的优质水源。

◆人类活动

人类总是非常善于通过利用工具和改造外部条件来创造更好的生活环境。对于乌兰布和这样一个看似毫无生机的沙漠，人们也没有退却。

人们发现，这里的沙丘之间分布有大面积土质平地，还有上面介

知识链接 ✓

断陷盆地是指断块构造中的沉降地块，它的外形受断层线控制，一般都是窄窄长长的条状。盆地的边缘由断层崖组成，坡度陡峻，有的达到90度，边线一般为断层线。

断陷盆地中慢慢充填着从山地剥蚀下来的沉积物，不过它们最终不一定都会变成盆地，根据周围环境不同，大自然会创造出不同的艺术品。

随着时间的推移，如果断陷盆地中积水，就会形成湖泊，例如俄罗斯的贝加尔湖、我国云南的滇池；而如果因为河流的堆积作用而被河流的冲积物所填充，就会形成被群山环绕的冲积、湖积、洪积平原。如太行山中的山间盆地。低于海平面的断陷盆地则被称为大陆洼地。

绍的有利的水文条件，加上日照时间长，光热资源丰富，这里发展农业具有潜在优势。在黄河自南向北流经的磴口县的东南端，很早就形成了磴口绿洲。

尤其是在新中国成立后，这里开始了大规模的治理，在磴口县，人们用勤劳的双手建造了一条宽300多米、长175千米的防风固沙林带，林带两侧5千米是封沙育草区，有效地控制了沙漠东移的趋势。人们除了种树种草外，还在沙漠中开辟出20余万亩耕地，种植小麦、玉米、甜菜、葵花籽和各种瓜果。

大家一定没想过，其实沙漠农业也有它自身无可比拟的优势，不是土质，不是水源，那是什么呢？

因为乌兰布和是沙漠，人烟稀少，也可以说是因祸得福，这里没有污

知识链接 ✓

"吉兰泰"是蒙古语，意思是六十。吉兰泰盐湖，是我国大型内陆盐湖之一，也是开展工业旅游、盐湖洗浴的理想场地。

吉兰泰盐湖在古乌兰布和沙漠西南边缘，坐落在乌兰布和沙漠西南边缘的贺兰山与巴彦乌拉山之间的冲洪积扇之上，是一个北东—南西走向的椭圆形盆地，四周被戈壁草原、沙丘所环抱。

吉兰泰盐湖总面积达到120平方千米，其中，盐层覆盖面积60平方千米，盐层平均厚度达3米~5米，最厚达5.94米，勘探总储量1.14亿吨。盐湖中富含有钾、镁和其他稀有贵重化学元素，具有很高的工业开采价值。

自清朝乾隆元年，吉兰泰盐湖已经开始开采，到现在有270多年的历史。建国后这里发展建成了吉兰泰盐化工业基地，每年出产优质湖盐60多万吨，是内蒙古自治区重要的盐矿生产基地，也是阿拉善盟比较成熟的工业基地之一。这里出产的食盐，通称"吉盐"，以颗粒大、杂质少、味道浓等特点而闻名全国。

不过吉兰泰盐湖的未来存在着变数，它的明天如何还取决于人类的行为。

目前，内蒙古自治区列入国家计划重点开采的8个盐矿，已有6个遭到不同程度的流沙侵害，吉兰泰盐湖便是其中较为严重的一个。过去几十年来，吉兰泰盐湖干旱气候不断加剧，在湖区资源过度开发的人为活动干预下，区域环境出现整体退化的现象，风沙灾害日益严重。

染，没有病虫害，甚至连化学肥料和农药都不需要。这就是沙漠农业最大的优势。

除了粮食，人们还尝试种植经济作物，乌兰布和沙漠植物虽然稀少，但其中有不少属于名贵药材，具有极高的药用价值和经济价值，例如具有"沙漠人参"之称的肉苁蓉就是典型的代表。

此外，这里是培育高品质酿酒葡萄得天独厚的地方。国内外专家公认北纬39°线为酿酒葡萄最佳的种植地区，

▲柴草网格治沙屏障

而乌兰布和沙漠刚好处在北纬39°16′到40°57′之间。这里充足的阳光、独特的半沙质土壤和典型的沙漠气候，使葡萄便于糖分积累，香气和酚类物质能充分发育完全。而且因为处于沙漠中，在葡萄收获季节，这里几乎一滴雨都不下，允许葡萄完全自然熟透才采摘，这种理想的自然条件是其他地方所没有的。

2008年，内蒙古自治区发改委下发文件批准建设年产3万吨的葡萄酒加工项目。项目地就在乌兰布和沙漠南缘起伏不平的高大沙丘间。

在乌兰布和沙漠，有一件工作永远是最重要的——沙漠治理。这件工作如果做不好，不论是肉苁蓉，还是葡萄，最后都会被这头"红色公牛"吞噬。

▲俄罗斯贝加尔湖

乌兰布和沙漠就像是处在两股不断争夺的力量之中：一方面，客观的气候变暖和无知的人为破坏使沙漠东进南移的扩展速度非常惊人。乌兰布和沙漠东部边缘已经由黄河西岸的阿拉善盟扩展到黄河东岸海勃湾区，侵蚀面积近100平方千米，而且全部形成了新月形和半月形的流动沙丘，有些沙丘的相对高度竟达50多米。根据历史数据资料记载，上世纪60年代初，乌兰布和沙漠东部边缘距离乌海市尚有近30千米，此后不到40年，乌海市乌达区已经有近1/3的土地被乌兰布和沙漠这头"红色公牛"吞没，变成了内蒙古自治区乃至中国沙化最为严重的城市之一。而且乌兰布和沙漠每年携带2亿多吨沙尘进入黄河，这必然导致河床淤积，水位抬高，危害的就不仅仅是沙漠附近地区了，会殃及整个西北、华北、东北地区，甚至是京津周边地区。

知识链接 ✓

飞播造林就是采用飞机撒播树种进行造林，模拟林木天然下种更新的过程。

简单来说，就是模仿飞鸟和风传播树种的方式，通过飞机在高空播种，然后封山育林，让种子在自然条件下发芽生长。

飞播造林是利用林木有天然更新能力这一生物学特性而开展试验并获得成效的。我国飞播造林始于1956年3月4日，在广东省吴川县首次进行飞播造林试验，从而拉开了我国飞播造林的序幕。

另一方面，人类进行沙漠治理的步伐也从来不曾停下。早在上世纪50年代后期至60年代，中国科学院组织的沙漠考察就在磴口县设点，组建巴盟治沙综合试验站，为开展沙漠综合治理研究积累了大量资料。人类到底与这头"红色公牛"做了哪些"搏斗"呢？

第一场搏斗中的主

▲肉苁蓉

角是中国林科院沙漠林业中心。自1979年成立以来，此中心一直在乌兰布和沙漠东北部从事以沙漠防护林为主的区域生态治理与开发工作。这里的科技人员素质高，技术全面，观测辅助人员操作熟练，技术设施完善，具有长期工作基础。

这位研发型选手可谓"兵强马壮"，打的是持久战。1982年起，这里先后建立了3座地面气象站，观测温度、风速、风向、湿度、日照时数、大气降尘、太阳辐射等等，部分项目还配备自动记录装置。到目前，有2个站一直在连续工作，积累了大量的观测数据，建立起一个庞大的信息数据库，具有40多万观测数据，而且数据还一直在增加和完善中。

第二位上场的是上面已经介绍过的磴口县。这里的人们长期与沙漠共同生活，对沙漠的危害有更深切的体会。近年来，磴口县加大了对乌兰布和沙漠的治理力度，而且人们已经意识到科学治沙的重要性，早已不再满足于与

知识链接 ⊘

肉苁蓉又叫大芸，被人们称为"沙漠人参"。它是一种名贵中药材，有极高的经济价值，同时也是古地中海残遗植物，对于研究亚洲中部荒漠植物区系具有一定的科学价值。

肉苁蓉是一种沙生寄生植物，寄生在藜科植物梭梭的根上。大家如果想寻找它，不妨去湖边和沙地的梭梭林中，往往会有收获。

不过，现在肉苁蓉已经成为世界濒危保护植物，由于被大量采挖，它的数量急剧减少，已经很难找到的野生的了。据调查，每一千株梭梭中，仅有7株肉苁蓉，本来比例就很低，再加上梭梭是骆驼的优良饲料和当地居民的燃料，过度放牧和大量砍挖梭梭，也使肉苁蓉处于濒危的境地。

为了实现"沙漠人参"的人工养殖，磴口县一直在尝试从梭梭根部接种肉苁蓉的实验，2004年终于获得了成功。2005年，在红柳根部接种肉苁蓉实验又获得成功。

目前，这种人工接种肉苁蓉的技术已经从实验转向推广应用。每年的春夏时节，正是沙漠梭梭林营造的最佳季节，也是沙漠肉苁蓉接种的黄金季节。2008年，磴口县提出并实施了大面积推广肉苁蓉产业，建设30万亩人工接种肉苁蓉基地的构想。这也就意味着乌兰布和沙漠将成为中国最大的人工接种肉苁蓉生产基地。

这头"红色公牛"斗蛮劲。

为此，磴口县与国内多家科研院所合作，共同打造以现代科技为支撑的沙产业富集区。磴口县的治沙计划不仅包括种树，还包括发展各类沙产业企业，目的是为了逐步形成沙产业与生态建设、生态旅游资源开发等多业并举的良性经济循环格局，可谓眼光长远。

磴口县所在的巴彦淖尔市在与"红色公牛"的搏斗中也取得了一些胜利。通过采取封禁保护与人工造林、飞播造林相结合的措施，巴彦淖尔市使沙区植被得到迅速恢复。

2005年，巴彦淖尔市率先在乌兰布和沙漠推出冷藏苗避风造林新技术，造林时间从过去的4月份延长到9月份，整整多了5个月的宝贵时间，把一季度造林变成三季造林，不能不说是一大进步。巴彦淖尔市还同时先后推广了

▲沙漠中的葡萄园

柴草网格、高压水打孔植苗、深坑栽植、开沟栽植等20多项治沙先进技术，极大地提高了造林成活率。

下一个上场的是实业型选手。内蒙古金沙苑生态工程有限责任公司。它正在进行的乌兰布和沙漠生态综合治理工程，是内蒙古阿拉善盟三大沙漠中集中治理投入最大的一项生态建设工程。自2006年以来，这家公司投入了巨资进行产业治沙，每年推沙不止，目前已经平整沙漠20 000多亩，还种植葡萄园5 000亩，种植优良牧草5 000多亩，建设起2 000多亩的防风固沙林，人们把它形象地称为当代治沙的"活愚公"。

最后要介绍的是中韩合作的沙漠治理工程项目。这一工程项目位于乌兰布和沙漠北部，巴彦淖尔市境内。项目建设期限为2008年至2010年。总投资1 500万元人民币，其中韩国援助占了一半，另一半为地方配套资金。项目建设内容除了传统的营造防风固沙林，还包括改建智能温室苗圃等，充分利用

了外国的资金和技术。

上面的一个个例子，都说明虽然人类不合理的活动造成了乌兰布和沙漠化趋势的蔓延，但是一旦人类及时觉醒，发挥固有的聪明才智，并利用现有的技术优势，不断加强对沙漠化趋势的预防和治理，还是很有成效的。

除了对抗"红色公牛"，这里的政府和人们还开始尝试把改造沙漠化地区和开发旅游区有效地结合起来，所带来的积极效应出乎人们的预料，可以说走出了一条我国沙漠地区发挥区域优势，发展地方经济的新路子。

曾经草原而今沙地——科尔沁沙地

下面要了解的地方有点与众不同。因为这里曾经是一片辽阔的大草原，是游牧民族的天堂。

大家可能不太愿意相信，科尔沁沙地的前身就是众所周知的科尔沁草原，是我国著名的草原之一。

是什么原因造成昨天的草原变成今天的沙地呢？

从一派浑然天成的绿色萦绕，变成今天的漫天黄沙尘埃飞扬，多么令人惋惜！走进这片辽阔的沙地，我们是否应当用一种反思的心情去看待眼前的一切呢？

毕竟，草原的消失和我们人类的活动有着莫大的关联。

南唐后主李煜有一首《虞美人》，写的是"雕阑玉砌应犹在，只是朱颜改"。科尔沁始终叫科尔沁，数十年间容貌却早已不同。在介绍科尔沁沙地之前，我们还是先来看看科尔沁草原，那是它曾经的岁月，那葱绿美丽一去不返的岁月。

天苍苍，野茫茫，风吹草低现牛羊。这曾是对科尔沁草原最

知识链接 ✓

次生林是原始森林经过严重破坏以后自然形成的森林。

次生林与原始林一起同属天然林，但区别在于，它在不合理的采伐、樵采、火灾、垦殖和过度放牧后，失去了原始林的森林环境，被各种次生群落所代替。

在中国，次生林占相当大的比重，其面积约占全国森林面积的一半，且在大部分林区均有分布，不过在不同林区的主要树种有一定差异。

真实的写照。

曾经的科尔沁草原有多大？

从大兴安岭到松辽平原东半部是它的宽度，内蒙古、辽宁、吉林、黑龙江四个省区交汇的狭长结合部相当于它的长度。西边，它与锡林郭勒草原相接；北边，它与呼伦贝尔草原相邻。

如果你见过科尔沁草原，你不会忘记它原始的泉河，它原始的植被，它原始的天空，还有它原始的风味。当你置身在平坦而又柔软的科尔沁草原，就像是到了大海之中。

现在呢？优质草原早已迅速沙化，人们把它称呼为科尔沁沙地。

科尔沁沙地有多大？

科尔沁沙地总面积达42 300平方千米，相当于3个北京市的面积总和，是我国四大沙地中面积最大的一个。从地域分布上来看，它位于东北和华北的交界地带，涵盖了三省区，分别是内蒙古自治区的东南部、辽宁省西部和吉林省西南部的一小部分。

其中，沙地主体部分在内蒙古自治区东部的通辽市和赤峰市，这部分面积约占沙地总面积的92%以上。

▲科尔沁治沙工程

◆地势地貌

沙地是草原沙化后向沙漠过渡时形成的特殊地貌，它包括了绵延的沙丘、草原、湖泊以及湿地。而曾经"雕栏玉砌"的科尔沁地区正经历着这样的"朱颜改"。

科尔沁沙地由坨地景观和甸地景观组成。坨甸景观在科尔沁沙地东南部地区发育最为典型,并有坨地景观与甸地景观相间分布的景观格局。

什么是"坨地景观"和"甸地景观"？

当地人用自己的话叫做"坨子地"和"甸子地"。"坨子地"是指相对高度2米以上的流动、半流动沙丘和半固定沙丘，土壤为白沙土和黄沙土。"甸"是指相对高度在2米以内的较平缓的沙土地，土壤为黄沙土和栗沙土，"甸子地"则是分布在甸内部，以及甸和坨地之间的低湿地，多由各类草甸土组成。

从上面的介绍中大家可以猜出，相比于坨子地，甸子地是更合适植物生长的。19世纪后期，由于人类对草原的不合理利用，科尔沁的甸子地不断缩小，坨子地却扩大，沙化面积急剧增加，最终形成了大片沙地。目前，坨子地和甸子地所占的相对面积比例为3∶1。

坨子地面积的90％是沙坨子，也就是固定和半固定的沙垄和梁窝状沙丘，流动的新月形沙丘仅占坨子地面积的10％。也就是说，科尔沁沙地以固定和半固定沙丘为主。具体说，在少冷河以西，主要是流动沙丘；少冷河与老哈河之间，两者比例大致相等；教来河至余粮

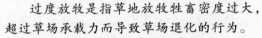

知识链接 ✓

过度放牧是指草地放牧牲畜密度过大，超过草场承载力而导致草场退化的行为。

一个草场的面积和产草量是相对固定的，一定面积和一定的草量只能供养一定数量的牲畜，懂得可持续发展的放牧者应当做到"量力而行"。合理的做法是根据草场中可食性牧草的再生能力来确定放牧时间和放牧数量，以避免过度放牧。

过度放牧的后果是很严重的，过多过密的放牧牲畜往往引起土壤板结，使产草量减少，还可能导致草原植被结构被破坏，也就是牲畜可以吃的牧草种群急剧衰败，而牲畜不能吃的其他植物种群却迅速旺盛起来。总之，这种杀鸡取卵的行为最终会阻碍牧业发展，危害到放牧者自身和整个生态系统。

堡、瓦房一线之间，则以半固定沙丘为主；余粮堡、瓦房一线以东，几乎都是固定、半固定沙丘，流沙只有小面积的零星散布。

这里的沙丘一般高达10米~20米，最高的可达50米。尤其是库仑旗辖区内的流动沙丘特别高大，蒙古族称作"塔敏查干"，翻译过来就是"魔鬼居住的地方"。

◆气候状况

科尔沁沙地属于典型的温带大陆性气候，冬季寒冷、夏季炎热，温差较大。年均降雨量约360毫米，降雨年际变化大，年内分配不均，主要集中

▲科尔沁沙地

在6到8月。冬季主要刮西北风，春秋则以西南风为主，一年中大风日数常达30天左右，尤其是春季时风沙日较多。

干旱和大风是沙地形成和发展的重要因素，所以这里的气候环境可以说是草原退化为沙地的重要原因之一。

尽管这里降雨量不多，但是相对于其他沙漠地区，却也算得上是比较丰富的。而且这里还有西辽河的干支流，如西拉木伦河、教来河、老哈河等流经沙区，使科尔沁沙地成为中国沙漠中水分条件最好的。这也是历史上科尔沁草原曾是水草丰茂之地的主要原因。

草原消失的背后。

在元代和清代的历史记录中，是这样描述科尔沁地区的自然条件的：土地肥沃合适耕植，水草肥美便于畜牧。直到19世纪初，扎鲁特旗东南还存活有大

▲塔敏查干

片松林。

今天，科尔沁地区的大部分草原都已沙化，变成科尔沁沙地，属于正在发展中的沙漠化土地。

探究这种变化的原因，大家要从客观和主观两个方面来分析。

客观原因主要就是干旱和多风的自然因素，而主观原因则要归于人类不合理的开发利用，而且后者起着更为关键的作用。历史上不合理的垦殖草原活动，造成科尔沁草原下的沙土层逐渐沙化和活化，而近年来当地牧民过度放牧使得情况进一步恶化，最终我们失去了一个美丽的大草原。

目前科尔沁沙地正以每年约1.9%的速度在发展，成为我国人为原因导致沙化速度最快的沙地，直接威胁着我国东北、华北的生态安全。

亡羊补牢未为迟也。

● **知识链接** ✓

生态经济沟建设模式起源于内蒙古赤峰市松山区的龙潭山区。这一模式的基本思路是对山顶到沟底进行全面治理，根据不同的地形部位采取不同的整地方法，按照"适地适树"的原则，合理配置不同的林种、树种。

具体怎么做呢？举例来说吧，山顶要注重防护，增加林木覆盖度，可以种植"两松"，就是在山顶挖鱼鳞坑，栽植油松和樟子松，给山"戴帽"。山中不妨"三杏"缠腰，就是在较平缓的山坡的中部挖水平沟或反坡梯田，栽植山杏、家杏、大扁杏。山脚苹果梨桃，就是说在山脚或沟边挖畦田，栽植苹果、梨、桃、李、枣等经济树种。沟中再以杨、柳、榆护岸，林间还可以间种牧草、瓜药等农经作物。

这样一安排，不就构成了"林中有果有农有牧"的立体生态经济沟？在空间结构上，大家可以看到乔、灌、草相结合，从时间安排上，做到了长、中、短相结合；在经营项目上，实行种、养结合。这是对单项时序操作、平面式传统林业的重大改变。

生物经济圈建设则是在半干旱沙区，选择适宜地块，充分利用当地的土地、水、热资源，实行水、草、林、机、粮等配套，综合治理开发沙区的一种生产模式。它既是治理改善沙区生态环境、建设沙漠绿洲的重要措施，也是发展沙区经济、调整沙区产业结构，使沙区农牧民尽快脱贫致富的有效途径。

既然我们已经逐渐认识到了保护生态的重要性，是不是可以想办法让消失的草原再回来呢？

专家们认为，在我国的四大沙地中，科尔沁沙地是水热条件组合最好的一个，因此是最有可能通过人为干预防治措施，扭转土地荒漠化趋势，恢复地表植被的沙地。

有了分析，也有了信心，接下来就是落实了。

我国已经在科尔沁沙地采取了各种治理措施，包括草场封育、翻耕补播、人工种草、引洪淤灌、防止过牧及营造防护林等等，取得了良好的成效。

中国国家林业局最新监测表面，科尔沁沙地一年的绿化面积大于沙化面积约75万亩。

总土地面积10万平方千米的科尔沁治沙工程具有高度的科学性，它根据不同的治理地区分别进行了有针对性的规划，例如在丘陵区的目标是建设生态经济沟，在平原滩川则以建设生物经济圈为主，还要求重点在西辽河、新开河、教来河、西拉木伦河两翼冲积平原形成带网片、乔灌草相结合的绿色屏障。

通过不断的治理和保护，科尔沁沙地的生态环境有了明显的改善，治沙中衍生出来的"生态经济沟"和"生物经济圈"两大模式也极大地促进了当地经济的发展。生态环境建设搞上去了，也就为农牧业生产、旅游业开发提供了很好的基础条件。它们之间协调发展，相得益

知识链接 ✓

辽河是中国东北地区南部的最大河流，是中国七大河流之一。它发源于河北平泉县，在辽宁盘山县注入渤海，全长1430千米，流域面积22.9万平方千米，是中华民族和中华文明的发源地之一。

辽河是树枝状水系，东西宽，南北窄，由两个水系组成：一为东、西辽河，另一为浑河和太子河。

树枝状水系是水系格局的一种，主要特征是支流较多，而且干、支流以及支流与支流间往往呈锐角相交，在大地上排列的形状就像是伸展的树枝。世界上大多数的水系，如中国的长江、珠江和辽河，北美的密西西比河，南美的亚马孙河等，都是树枝状水系。

彰，不断促进沙区经济的发展，成为我国治沙成效最显著的沙区之一。

◆旅游资源

在沙漠治理的同时，科尔沁地区建立了不少自然保护区，它们既是深具特色的旅游资源，又是阻止沙漠化继续扩大的重要屏障，让科尔沁沙地不再只有黄沙的寂寞。

首先要介绍的是大青沟国家级自然保护区。这大青沟可不是高山中的峡谷，而是在茫茫无边的起伏沙地之中突然出现的两条下陷的天然沟壑。

这条奇特的沙漠大沟，就躺在科尔沁西部沙海里，全长21千米，宽200米~300米，平均深近100米。

▲科尔沁草原

你大概想象不到，这里是一处保存完好的古代残遗森林植物群落，难怪沟内古树参天，林海莽莽。而在沟的两岸，树草丛生，常绿树与落叶树并存，乔木与灌木掺杂，鲜花与绿草相间。如果大家有机会在秋天来这里，又会见到另一番风景。因为枫树是大青沟众多树种中最为密集的，每当霜期来临，沟上沟下就变成了一个调色盘，以枫叶为主调，赤橙黄绿，异彩纷呈。

沟底处叮当作响的是无数条淙淙泉水，它们汇成了一条长长的溪流，清澈透明。溪流虽然水量不大，却从不断流，而且具有冬暖夏凉的特点，长年不冻，很是稀奇。据当地人说，零下三十度的时候，河边仍有山芹菜生长，水盈盈的绿色充满生命力。

古老神奇的大青沟始终保持着它的纯真和原始，迎接着每一位热爱大自然的朋友投入她梦一般温馨的怀抱。

科尔沁沙地还有两个重要的天然绿色屏障，分别是罕山自然保护区和阿鲁科尔沁湿地自然保护区。

　　罕山自然保护区位于内蒙古通辽市的扎鲁特旗西北部，属于大兴安岭的余脉。整个保护区南北长约48千米，东西宽约37千米，由众多山峰组成。其中主峰吞特尔山高1 444.2米，是通辽市第一高峰。

　　罕山也称"汗山"，"汗"就是可汗。相传成吉思汗征战途中来到一座巍峨的大山脚下，见这里林密草深，流水潺潺，美景怡人，便下令安营扎寨。心腹大将木华黎率300骑兵，到最高的山顶垒灶起火，摆席设宴，狂欢三天三夜。兵马所到之处，崎岖的山顶平坦如铲，从此，人们便称此山为"汗山"，也就是今天的罕山。

▲大青沟国家级自然保护区

　　作为保存较完整的天然次生林区域，这里的森林覆盖率达到54%，生物多样性较丰富，是众多野生动物的栖息地。这里还有一种独特的树种，叫做"蒙古栎"，它与枫树一样会在霜期来临时变得色彩斑斓，特别是分布在山地草原时，错落有致，画面极富层次感。罕山的秋天也因此格外美丽多样，既有大兴安岭秋林色彩的厚泽，又有坝上清远之神采，到了九月下旬，还有几十万牲畜大迁徙，如云雾、如潮水，与金秋美景相融，蔚为壮观。

　　秋天过后，纷纷扬扬的大雪降临，白色覆盖大地，给所有植物都盖上一条纯净的毯子。在这冰天雪地的世界，有时仍能见到牧羊人赶逐羊群放牧的场景，偶尔也能见到冬季未迁走的蒙古包，此情此景仿佛回到了远古时代。塞外的冬天总是特别长，当五月万物复苏的时候，枯黄依旧是草原最常见的色调。不过，在扎鲁特旗，有两个闪光点让这片土地的春天显得生机盎然。

　　首先是山杏花，扎鲁特旗是著名的山杏基地，全旗山杏面积达百万亩。别看一朵小小的杏花不怎么起眼，当千朵万朵杏花在你眼前同时绽放，那烂漫的春色一定会击中你的心。

还有一种不能忘记的，那就是罕山杜鹃。罕山杜鹃是兴安杜鹃的一个种类，就生长在罕山上，每到五月杜鹃竞相开放，白桦林间红团似锦，如火如荼，那份瑰丽一定会让每个见过的人无法忘怀。罕山杜鹃是一抹灿烂的笑容，为科尔沁弥补了春的遗憾。

科尔沁沙地的另一位生态守护者是阿鲁科尔沁湿地自然保护区，这面在科尔沁沙地北部的绿色屏障，自古以来就是鸟语花香之处。隋唐时期，这里曾是逐水草而居的契丹民族的游牧地。到了明代，在这一带游牧的阿鲁科尔沁部落逐渐定居，也给了这块土地"阿鲁科尔沁"的名字，意思是"北方弓箭手"。

随着人们对自然保护意识的增强，这里的环境质量也得到了明显改善。对此感受最深的大概是鸟类吧，因为近年来这里栖息的鸟类种类和数量都大大增加，目前已经有151种。

在2009年3月，出现了近千只苍鹭在湿地自然保护区内停留栖息的景象，数量之多实属罕见。这些从南方迁徙的鸟儿，在艰辛的长途飞行后见到水草肥美的阿鲁科尔沁湿地，大概也忍不住要逗留落脚，这些苍鹭有的在水面上高翔低回，有的三三两两在湖畔和沼泽间悠闲地散步，有的在浅水中捕食鱼虾和其他水生动物，还

▲罕山自然保护区的蒙古栎

有的把巢搭建在保护区丛林中，似乎把这里当成了自己的家。

科尔沁沙地的这些自然保护区，已然成为阻止沙漠化继续扩大的屏障，不但极大地改观了这里的生态环境，也吸引着旅游者们的目光。

科尔沁的故事就像是一个很好的寓言，人类迟早要为自己所犯的错误"买单"，但人类也能运用智慧扭转败局，所以我们有理由相信，科尔沁的明天会更好！

"榆林三迁"——毛乌素沙地

毛乌素沙地，是我国四大沙地中面积第三大的沙地，东起陕西省的神木县，西至宁夏回族自治区的盐池县，南抵长城，北至鄂尔多斯高原中南部。沙地主要包括内蒙古自治区的南部、陕西榆林地区的北部风沙区，还有宁夏回族自治区盐池县东北部在内，总面积约32 100万平方千米。

毛乌素沙地的名字来源于陕北靖边县海则滩乡的毛乌素村。最初所说的毛乌素沙地指的是自定边孟家沙窝至靖边高家沟乡的连续沙带。由于陕北长城沿线的风沙带与内蒙古伊克昭盟南部的沙地是连续分布在一起的，因而将鄂尔多斯高原东南部和陕北长城沿线的沙地统称为"毛乌素沙地"。

据考证，古时候这片地区水草肥美，风光宜人，是很好的牧场。历史记载，到东汉，毛乌素区域已经出现沙迹，后因为人口不断增加，发生了过垦、过牧、过樵的"三过"问题，致使本来良好的生态环境受到破坏，沙化逐渐加剧，小气候呈现出雨水少、风沙大、干旱频发的特点，土地沙化进一步向南部推进，最终形成了庞大的毛乌素沙地。

这里曾流传着"榆林三迁"的故事，说的是陕北榆

▲沙地柏

在黄土高原地区，塬、梁、峁三种地貌最为显著。

黄土塬是在古盆地基础上，由厚层黄土组成的面积较大的台地。黄土塬顶面平坦，侵蚀作用微弱，是良好的耕作地区。塬周围被沟谷环绕，流水及边坡重力侵蚀作用强烈，所以塬边往往参差不齐。塬面保存好，比较完整平坦的，如果塬面坡度在8°以下，就称为平坦黄土塬；塬面被沟谷分割蚕食，比较破碎的，如果塬面倾斜明显，就称为倾斜黄土塬。

黄土梁是我国西北黄土高原地区条状延伸的岭冈。黄土梁有的由黄土塬经侵蚀分割而成，有的在黄土堆积前即为条状延伸的岭冈，黄土堆积后，仍具有岭冈起伏形态。一般顶面比较平缓，两侧为沟谷和冲沟所切割。

黄土峁是我国西北黄土地区的一种黄土丘陵，样子像是穹状或者大馒头。从高空看，顶面往往是浑圆的，横剖面是圆形或椭圆形，斜坡较陡，可达15°~25°，平面呈圆形而且常常连续分布。少数黄土峁是由黄土覆盖在穹状古地形上形成的，大多数是由塬或梁经长期侵蚀切割而成。

林城的城市变迁。榆林最早的城市地址比现在要靠北多了，是榆溪地中的一个小城，后来因为城市屡遭风沙侵害，人们为了逃避风沙危险，不得不向南迁移到红山境内。后来沙漠化的进一步扩张，使人们再次向南迁移，才到了现在的榆林城址。

◆ 地势地貌

毛乌素沙地主要位于鄂尔多斯高原与黄土高原之间，处在湖积冲积平原形成的凹地之上。这里海拔多为1100米~1300米，西北部稍高，一般都在1400米~1500米之间；东南部河谷海拔低至950米，总的来说，地势特征为西北高东南低。

毛乌素沙地上以固定、半固定沙丘为主，沙丘的形态主要是蜂窝状沙丘和抛物线形沙丘。流动沙丘大多分布在沙地东南部的长城沿线，主要是植被破坏所导致的，在形态上，以新月形沙丘和新月形沙丘链为主。在过去沙地没有得到治理时，移动沙丘每年随风向东南移动约3米~5米。

◆气候状况

毛乌素沙地沙区属于典型的温带大陆性气候，年均温度为6.0℃~8.5℃，1月份均温为-9.5℃~12℃，7月份均温为22℃~24℃。

这里年降雨量不是很多，在时间和空间分布上具有很大的差异。为什么说空间分布差异大呢？大家看，沙地的西北部年降水量仅为250毫米左右，而沙地的东南部则多达400毫米~440毫米，几乎是西北部的两倍！

再看看时间分布，这里的降雨多集中于7月~9月，占全年降雨量的60％~75％。到了夏季常常突降暴雨，甚至一天的最大降雨量可以达到100毫米~200毫米这么多。除了季节分布不均，这里降雨的年际变率也很大，多雨年是少雨年的2~4倍。这会导致什么后果呢？年际降雨不均使这里常发生旱灾和涝灾。是不是很惊讶，沙地还会淹水？的确，如果某一年降水突然增多，就会发生这种情况，不过总体上，旱灾还是要多于涝灾。

◆水文状况

在沙地中，毛乌素地区的水分条件可以称得上是优越的，这里地表有河

知识链接 ✓

蜂窝状沙丘是在风向均匀、风力相等的条件下形成的多向沙埂。它的外围是洼地，总体形状像蜂窝，跟鱼鳞状沙丘又有相似之处。

蜂窝状沙丘的沙埂色调为白色，中间的沙窝较深，为灰白色调。

抛物线形沙丘与新月形沙丘一样属于横向沙丘，沙丘形态的走向与起沙风风向几乎垂直。从形态上看，抛物线形沙丘背风坡凸出，迎风坡凹进，两个翼角指向迎风方向，整体的平面轮廓就像是一条流畅的抛物线，让你不禁猜想大自然是不是正在自己的画板上计算着什么。这类沙丘一般高数米，翼角延伸长达几十米至几百米。

这个数学图形是怎么在自然界中形成的呢？

抛物线形沙丘多分布在沙漠里有植物生长的地区，因为它的形成与沙丘的下部或两侧首先得到植被的固定有关。沙丘中部在风的吹蚀下，形成一个明显的风蚀窝，迎风坡平缓，背风坡不断接受落沙，形成向前凸出的陡坡，而被植被固定的部分逐渐成为稳定的翼角。如果风蚀作用较强，沙丘的中部移动较快，两翼被不断拉长，可成为发夹形沙丘。如果中间被风吹断，会发展成两个平行的纵向沙垄。

有湖，地下也不乏水资源。

由于沙地东南部地区降水较多，所以这里的地表水资源最为丰富，有好几条较大的河流贯穿沙地，最终注入黄河。

▲沙蒿

无定河就是这些河流中的一条，它发源于陕西省白宇山，途经毛乌素沙漠南缘，最后注入黄河，全长490多千米，流域面积约30 000平方千米，是鄂尔多斯市境内最大的内陆河。

当你在陕北大地上沿着无定河谷漫步，你会深切地感受到，无定河是一条具有独特性格的河流。它豪爽、宽阔、坦坦荡荡，犹如一位剽悍朴实的陕北汉子。在它那貌似沉稳的胸怀间，流淌着一腔搏动的激流。如果一旦上游大雨倾盆，无定河会在骤然间变成被激怒的狮群，咆哮着溢出河床，漫过整个河谷，让人望而生畏。而到了冬天，无定河的喧嚣平息了，它又化作一道白色的冰河安卧在河谷里，无数的冰凌块块叠压着，像一条披着白甲银鳞的巨龙在酣睡，做着一个悠远的梦。

毛乌素沙地内部还分布着众多的湖泊，大大小小约有170个，虽然大部分都是苏打湖和含氯化物咸水湖，前者如湖洞察汗淖、巴彦淖、纳林淖等，后者如盐池，但也有淡水湖分布，如刀兔海子。这些湖泊水位的升降和沙地

▲黄土梁

内的降雨量有着密切的关系：每到雨季，湖水水位就会渐次升高，湖面扩大；到了旱季，水位又逐步下降，湖面缩小。

毛乌素沙地的地下水资源也相当丰富，丘间低地的地下水位一般埋深1米~3米，个别仅有0.5米，可以说是非常接近地表，也正是因此，在毛乌素沙地经常可以见到不少由沙区泉水汇集而形成的河流，这些泉水从沙丘下伏基岩的接触面之间流出，成为沙区旱季水源的主要补给者。泉水补给所占的比重，榆林河可达86.2%，秃尾河为69%，而海流兔河高达92%。

◆生物状况

毛乌素沙地处于几个自然地带的交接过渡地段，植被和土壤因此明显地带有过渡性的特点：除向西北过渡为棕钙土半荒漠地带外，向西南到盐池一带过渡为灰钙土半荒漠地带，向东南过渡为黄土高原暖温带灰褐土森林草原地带。

再来具体看这里的植被，由于毛乌素沙地的水分条件较为优越，这里的植物生长良好。特别是在一些湖盆滩地和河谷地带，生长有旺盛的沼泽性灌丛——柳湾林，它由乌柳、沙柳和沙棘三种主要灌木组成，成为毛乌素沙地中具有独特景观的植物群落，也是毛乌素沙区特有的生态系统。

在很长的一段时间，柳湾林在稳定沙地生态环境和发展农牧业经济中发挥过重要的作用。然而由于历史上的多次过度放牧开垦和频繁的战争破坏，柳湾林分布面积日渐缩小。

▲沙打旺

这个问题有多严重呢？大家可以看数据，解放初期鄂尔多斯市内原有天然柳湾林13.3万多公顷，现只剩下近6 000公顷，减少了95.6%。

天然柳湾林的骤减，使沙区人民的生产和生活受到了严重的影响。为此，有人呼吁尽早建立毛乌素沙地天然柳湾林自然保护区，采取有效措施，恢复柳湾林生态系统。如果柳湾林面积真能恢复到解放初期时的覆盖率，那么毛乌素沙地治理工程就至少完成了40%。

目前毛乌素沙地上分布最广的是柠条、沙蒿、沙地柏。它们在毛乌素沙地的治理过程中脱颖而出，成为治理这片"寸草不生的地方"的主力军。下面就给大家介绍一下这三位。

柠条又叫小叶锦鸡儿，它是沙地的先锋植物，在一般植物难以落脚的荒沙地带，柠条却能繁衍其间，形成纵径近十米，枝干过百条的群体，勇敢地与流沙搏斗。

流沙地带缺肥少水，柠条却有开源节流的对策。它实力雄厚的根系，能扎入沙层深部吸收水分，在庞大的根系上，还挂着无数的根瘤，这一个个根瘤犹如一座座微型固氮车间，给沙地增添了肥源。地上的枝叶披着白色蜡质外套，控制水分蒸腾。

> **知识链接** ✓
>
> 榆林河也叫榆溪河，位于毛乌素沙漠南缘，是一条发源于内蒙古自治区乌审旗银盖敖包的沙漠河流。它从容地从浩瀚的风沙草滩走来，跨越巍然的古长城，带着款款深情绕过榆林古城，漫步于黄土丘陵沟壑与沙漠之间，在鱼河镇汇入无定河，最后奔向华夏民族的母亲河——黄河。
>
> 不同于黄土高原的其他河流，榆林河清澈明亮，走近它，甚至可以清晰地看到河底的沙子。它又是那样的温和，人们很少能看到它发脾气，无论春夏秋冬，它总是那么悠悠地、轻快地流淌着。
>
> 榆林河对榆林城可谓情有独钟，它给了这座历史古城太多的亲睐与恩泽。它的支流富含多种微量元素，从岩石缝隙中汩汩流出，被当地人称为"桃花水"。喝着桃花水长大的榆林城女儿面如桃花，光彩照人；用桃花水做出的榆林豆腐白嫩软鲜、香醇味美，让到榆林小憩的客人们流连忘返。

柠条不仅是在沙地上生存的"勇士"，它还能起到固沙的作用。柠条根系在向沙层的深度、广度进军中，把松散的沙粒紧紧抱成一团，地上的枝叶又把风吹来的沙粒阻滞在脚下，这样上下有机配合，迫使猖狂的流沙就地安家落户。据专家们测定，生长8年、高1米多的柠条，能覆盖地面4平方米，拦截流沙0.15立方米！柠条总是群体生长，一长就是密密麻麻一大片，能给裸露的大地迅速穿上绿色的防护衣。这种保持水土的能力，是乔木远远比不上的。如果说陕北每年倾泻到黄河里的泥沙是一次大出血，那柠条就是制止水土流失的最好"止血剂"。

▲榆林防风固沙工程

柠条不仅能防风固沙，而且是"铁杆牧草"，营养价值很高。再加上它极强的萌发力，在当地牧民眼中，是早春生畜的"救命草"。因为在早春，经过一个冬天，储存的饲料都已吃完，而新的草还没有发芽，就在牛羊快要饿死的时候，柠条的枝条开始变软，成为它们的美味。所以当地牧民很愿意在沙地上播撒柠条种子。

柠条的优点是不是很多？别急，还没说完呢。柠条的枝条顺直坚韧，是良好的编织材料。柠条的嫩枝叶富含氮、磷、钾，可以沤制绿肥，堪称"绿肥之王"。据测定，每5公斤干枝叶，顶得上20公斤圈粪的肥力，是天然的高效"复合肥料"。柠条当燃料也是一把好手，由于外表有蜡质，它干湿都能燃烧，3千克柠条柴顶得上1千克好煤呢。难怪当地人都说柠条是"农家宝"。

沙蒿属于超旱生沙生植物，它的生理结构也具有明显的节水特征。沙蒿的叶子具有厚厚的角质层，可以抑制蒸腾失水，还有发达的栅栏组织，有利于增大叶绿体对光照和二氧化碳的吸收面，提高光合作用的活性。

▲榆溪河

沙蒿在青绿时期，因为气味重而苦，大大降低了口感，牲畜一般不太愿意采食。但到了深秋霜枯后，它的味道就好多了，山羊和绵羊都很喜欢。当地人擀面条时，还喜欢把沙蒿籽面加在普通面粉里，这样可以增加面条的韧度，味道更好

沙地柏是匍匐灌木，它也在千百年来与风沙抗争的过程中对恶劣环境形成了一种特有的适应，是作水土保持和固沙造林的优良树种。而且，由于生长快、耐修剪、四季苍绿的特点，沙地柏已经从沙地进入了城市，成为受人喜爱的绿化植物，为很多城市的绿化增添一抹独有的色彩。

在毛乌素沙地，很多地方的流动沙丘移动速度开始减慢，成为半流动甚至是固定的沙丘，因为人们给它们穿上了绿色的外衣，而这些外衣的主要材料就是柠条，沙蒿和沙地柏。这三种植物还

▲黄土峁

有一个共同的特点——它们都是乡土树种。想要恢复一个地方的生态，首先要考虑的就是利用当地现有材料，这样不仅可以降低成本，而且不会有生物入侵的危险。

◆人类活动

沙地在破坏人类生存环境的同时，也给人类带来了可供开发利用的许多宝贵资源，毛乌素沙地也不例外。这些资源包括矿产资源、地下水资源、生物资源、太阳能资源、风能资源等，所以人们说毛乌素沙地"浑身都是宝"。下面就让我们看看人类是如何善用这些自然资源的。

首先介绍农牧业，大家已经知道，毛乌素沙地是水热土组合状况优良的一个沙地，这使得它成为我国农牧业利用较多的重沙区。不过，由于沙地内

知识链接 ✓

　　沙打旺又叫直立黄芪，是多年生的草本植物，别看它小小的不怎么起眼，却是一位很能干的多面手。沙打旺是一种绿肥、饲草和水土保持兼用型草种，它可以与粮食作物轮作，也可以种在林果行间，还可以在坡地上种植，是改良荒山和固沙的优良牧草。

　　为什么沙打旺这么能干呢？它的根系很深，一般入土达1米~2米，特别深的可以达到6米。而且它在幼年时期会专心于将根系很快地伸展，地面上的幼苗则生长缓慢，这种习性叫做"蹲苗"，颇有点"磨刀不误砍柴工"的智慧。蹲苗过后，地上部分生长就快起来了，尤其是第二年春季返青的时候，长得特别迅速。

　　此外，沙打旺叶片小，全株披毛，一看就知道旱生的本事很强，它在年降雨量350毫米以上的地区均能正常生长。除了抗旱，沙打旺还具有抗寒、抗风沙、耐瘠薄等特性。沙打旺的越冬芽至少可以忍耐零下30℃的地表低温，等到冬天过去，平均气温达到4.9℃时，越冬芽就开始萌动，准备新一轮生命旅程。在土层很薄的山地粗骨土上，还有在肥力最低的沙丘、滩地上，沙打旺都能很好地生长。而此时，其他绿肥，如草木樨、苜蓿等，往往都会出现生长不良的状况。

水热条件的地域差异，毛乌素的土地利用方式较为复杂，交错分布在一起。就农林牧用地来说，东南部自然条件较为优越，但是人为破坏严重，流沙面积比重较大；西北部除有流沙分布外，还有成片的半固定、固定沙地分布。东部和南部地区农田高度集中于河谷阶地和滩地，向西北则农田减少，草场分布增多。

　　值得一提的是，新中国成立后，在陕北进行了一系列卓有成效的治理工作，通过各种改造措施，毛乌素沙区东南部面貌已发生了巨大变化。这里一种叫"引水拉沙"的造田方法，大家一定没有听说过，这是什么意思呢？

　　引水拉沙就是在风沙地区，利用沙区水流冲拉沙丘，让沙子被挟带到人们需要的位置，这样做可以把起伏不平的沙丘削高填低，形成平地，也可以降低风蚀危害，改良土壤。水流从哪里来呢？这就需要沙地本身拥有比较充足的水源，可以是河流，也可以是海子，在此条件下通过引水或机械抽水让水流为人类服务。

这样拉出的粗坏沙地离农田还有很大的距离，大家不要着急，首先需要对沙地进行进一步平整，接着可以压绿肥，就是在地里挖一些深槽，将植物叶子塞进坑槽里，踩实压盖，树叶经过地下潮湿或者雨季慢慢腐烂，就制造出了有营养的"绿肥"。与此同时，通常会在新沙地上种植沙打旺、草木樨、柠条、紫穗槐等豆科草灌，利用拉沙水源进行灌溉。这样做的目的是为了培肥地力，改良沙质土壤。下一步呢？接下来，可以种植水稻、土豆、谷子等先锋作物，适当增施肥料，逐步将沙地变为良田。

用这种方法把沙地改成农地后，平均每年少流失沙土0.3～2t/亩。改造过的沙地，如果好好经营亩产也是颇高的，有些拉沙地还可以辟为苗圃、果园，发展多种经营。拉沙排除的积水和灌溉渗出的细流，也会浸润附近沙地，便于草木生长，让农田周边变得郁郁葱葱，一点一点改变着沙丘地貌和生态环境。

除了引水拉沙，人们还充分结合当地特点，发展出温室种植。

沙地什么最多？当然是阳光，那么优越的日照条件不好好利用多可惜。

沙地什么最缺？当然是水资源，沙地的每一滴水都是非常宝贵的。

考虑这两个客观因素，建设温室可谓合情合理，因为温室的突出特点就是能充分利用太阳能资源，以及改进灌溉技术，节约水资源。不少温室还实现了自动控制，植物生长需要的水、肥、光、热、二氧化碳、氧气等因素，都通过计算机实现最佳数量，这样生产出来的蔬菜、花卉、水果等农产品质量都是一流的，在市场上有很强的竞争优势。

针对沙地丰富的日照资源，我国还在尝试建立"太阳能利用"示范工程，这类工程可以弥补当地民用燃料不足的缺陷，避免人们乱砍滥伐而破坏地表植被。

在农牧业之外，当

▲黄土塬

地人们也在探索适合本地的产业路线。

2007年，毛乌素沙地的毛乌素生物质热电厂举行开工仪式。这是我国首家以沙柳等沙生灌木平茬剩余物为原料，通过生物质能直燃发电技术发电的热电厂。

这家热电厂总投资3.2亿元，全部采用具有自主知识产权的国产化技术装备，每年二氧化碳减排量高达25.6万吨。2007年底，电厂已经实现并网发电，每年消耗沙柳大约20万吨，还能带动治理荒漠约20万亩。不仅如此，热电厂通过"龙头企业+原料林基地+农牧户"的经营模式，形成了生物种植、管护、平茬、储运、加工为一体的产业链，为社会提供了近5000个就业岗位。

这种"绿色电力"的产业路线，充分利用了当地丰富的沙生灌木生物资源，取得了治沙、减排、富民、产业化发展的多赢效果，探索出一条值得重视并推广的沙区循环经济发展道路。

总的来说，由于毛乌素沙地是我国荒漠化的一个重灾

▲无定河

区，建国60多年来，我国在此投入了大量的人力和物力，力求改度这里荒漠化蔓延的趋势。

如今实践证明，我们取得的效果是很显著的，这也说明了，如果我们把防治沙漠化当做一场真正的战争来打，有坚定的决心，最后的胜利还是属于我们的。

说了这么多，让我们再回到毛乌素沙地介绍的开头，大家应该还记得"榆林三迁"的故事。今天的榆林是什么样子呢？让我们一起来看看榆林有了那些变化吧。

陕西省榆林市地处毛乌素沙地南缘和黄土高原过渡地带，全市总面积43578平方千米。城市地貌大致以古长城为界，北部的风沙草滩区，也就是

毛乌素沙地占56%，南部是黄土丘陵沟壑区占44%。这一特殊的地貌，使榆林植被覆盖率极低，风蚀、沙化和水土流失严重，生态环境十分脆弱。因而治土治沙成为建国后榆林区域经济发展过程中不容小觑的一场"战争"。

经过几十年来坚持不懈的努力，榆林培养出了一大批治沙治土专业技术人才，创造出了一系列行之有效的沙漠化治理措施。这不但保证了榆林打赢治沙这一"战争"，也为我国沙漠化治理积累了许多成功的经验。

同时，榆林防护林带作为我国"三北"防护林体系中重要一环，正在不断建设完善当中。据统计，截至2007年夏，榆林防护林体系已初具规模，长1 500千米、造林175万亩的"绿色长城"基本建成。我们有理由相信，"榆林三迁"的故事不会再次发生。

"花园沙漠"——浑善达克沙地

浑善达克是蒙语，翻译成汉语是"黄色马驹"，传说是成吉思汗征战途经此地时为纪念他的心爱坐骑而命名的。

浑善达克沙地，在我国清代时叫伊哈雅鲁沙地。而在今天，由于它身上所具备的多种特征，我们又送给它许多别的称谓，譬如"花园沙漠"、"塞外江南"、"小腾格里沙地"等等。

这些特征都是指哪些呢？

又常听说这里是北京等华北城市沙尘的主要来源地，这又是为什么呢？

谜底正待揭开，相信你会在下文中找到答案。

◆分布面积

浑善达克沙地，位于内蒙古自治区锡林郭勒草原南部，东起大兴安岭南段西麓达里诺尔，向西一直延伸到锡林郭勒苏尼特旗，范围涉及内蒙古自治区东部和辽宁省西部地区。

这片沙地东西长约450千米，南北宽为50千米~300千米不等，总面积约为21 400平方千米。

这片沙地是距离北京最近的沙源地，直线距离只有180千米。

◆地势地貌

浑善达克沙地属于沙地高平原区，海拔介于1300米~1400米之间。它浑善达克沙地的形成原因——受冰期气候波动和新构造运动共同控制和影响，沙地在不同地质时期具有不同的成因机制。浑善达克沙地大致形成于22万年前，是在晚生代全球进入第四纪冰期和青藏高原隆升的大背景下形成和演变的。晚第三纪沙地主要持续受控于亚热带高压，兼受较弱季风及变迁的影响，形成红色风成沙及红色古土壤沉积。

是在锡林郭勒草原带上形成的沙地，所以具有草原上特殊的地貌单元——沙带，多由固定或半固定沙丘构成。

在浑善达克沙地，固定、半固定的梁窝状沙丘、垄状沙丘和链状沙丘占整个沙漠面积的98%，只有剩下的2%为流动的新月形沙丘和沙丘链。

在沙丘的具体分布上，西部以半固定沙丘为主，零星散布着一些流动沙丘；而东部则以固定沙丘为主。为什么西部和东部有这么大的差异呢？大家可以思索一下，也可以在下面的水文状况介绍中找到答案。

南部多伦县流动沙丘移动较快，所以又被称作"小腾格里沙地"。如果大家还记得上文的沙漠介绍，一定知道腾格里沙漠是现在流动速度最快的沙漠，所以移动速度较快的浑善达克沙地会被叫做"小腾格里沙地"也就不奇怪了。

◆气候状况

浑善达克沙地气候干燥，日照时间长，太阳辐射强，昼夜温差大。风沙大是浑善达克沙地气候的主要特点。

浑善达克沙地虽然也位居大陆中部，但是与其他分布在西北内陆地区的沙漠不同，它相对而言距离海洋比较近。因此，这里的气候特征带有明显的过渡性

▲阿斯哈图石林

特征，处于温带大陆性气候和温带季风气候的交界地带，这也正是造成沙地内东西部地貌分布差别的原因。

◆水文状况

首先受上述气候特征影响的，莫过于这里的水文状况。

由于降水相对偏多，浑善达克沙地是中国著名的"有水沙漠"。在沙地中分布着众多的水泡子、小湖和沙泉。水泡子是北方的叫法，其实就是大水坑，不与外界河流或湖泊连接，一般也不会很深。泉水从沙地中冒出，有的流进水泡子里，有的汇集后变成小河，还有的最后会注入高格斯太河。

高格斯太河是锡林郭勒草原上的一条内流河，发源于浑善达克沙地。无数沙泉集合成小溪，百十条小溪又汇集而成高格斯太河，它缓慢而持久地穿沙丘，越柳林，迂回在草原上。

浑善达克沙地的克什克腾旗段南部多短小的内流河、小湖泊和沼泽地，是内蒙古自治区第二大内陆湖——达里诺尔湖主要的水源涵养地。

达里诺尔湖位于克什克腾旗贡格尔草原西南部，意思是"像大海一样宽阔美丽的湖"，它在古代还被叫"鱼儿泺"、"捕鱼儿湖"、"答尔海子"等。达里诺尔湖周长百余千米，面积238平方千米，呈海马状。它为高原内陆湖，湖水无外泄，全靠贡格尔河、亮子河、沙里河及涌泉的淡水注入补给。

达里诺尔湖水深10米~13米，总储水量达16亿立方米，它还有岗更诺尔湖和多伦诺尔湖两个姊妹湖。这三个湖泊由亮子河、贡格尔河、沙里河连接在一起，就像是珍珠系在链子上，一起形成了高原湖区。

由于水质独特，达里诺尔湖内只产鲤鱼、华子鱼两种鱼，以肉质鲜嫩细腻、营养丰富而

▲沙地云杉林

名誉四方。相比之下，外来的鱼根本无法存活。而且，这里的鱼都是自然繁殖，不需要人工撒鱼苗。

◆生态状况

靠近海洋带来的相对丰富的降雨量，使得这里植被覆盖率较高，生态环境良好。

浑善达克沙地野生动植物资源比较多，有很多珍稀的植物和药材，还是候鸟的产卵繁育地。也正因为浑善达克沙地水草丰美，风光秀丽，人们才称它为"塞外江南"，还有人称它为"花园沙漠"。

浑善达克沙地至少存在5种栖息地类型，包括流动沙区、半流动沙丘、固定沙丘、丘间低地塔拉、湿地淖尔等，生态景观非常独特和多样。到底怎么独特，怎么多样呢？

独特性在于这里特殊的地貌单元——沙带。沙带上分布着生态演替的顶极群落——沙地疏林草原景观。之所以说独特，是通过和同纬度美国中部温带沙地没有树相比较得出来的。

多样性是说浑善达克沙地的生态景观种类很多，可以分为固化沙地阔叶林景观、固化沙地疏林景观、沙地夏绿灌木丛景观、沙地禾草木景观、沙地半灌木半蒿类景观及流动沙丘或裸沙景观。

如果置身在沙地景观中，大家会看见，在浑善达克沙地的沙丘间，生长着多种草本植物和以沙榆为主的乔灌木，它们是维护沙地生态的主要植被。

▲风力发电站

所以，这一地区又被称为"沙地疏林"，指的是草类高大茂密，且有稀疏的林木散布其间的景观。

在浑善达克沙地的各种景观之中，有一处格外引人注目，犹如茫茫沙海中的一枚碧玉，它就是神奇的沙地云杉。这种生长在浑善达克沙地东北缘的树木，是世界上同类地区尚未发现的稀有树种。

沙地云杉属于常绿乔木，极耐寒冷和干旱，既能调节气候、净化空气，又能防风固沙、保护草原。由于沙地云杉生存年代久远且具有极强的固沙能力，因此被称为沙漠上的"绿宝石"和"活化石"。可以说它不仅创造了沙漠生命的奇迹，还以其不畏严寒、傲然挺拔的雄姿赢得了人们的青睐。

现在全世界仅存十几万亩沙地云杉，全部生长在内蒙古自治区。集中成片的只有3.6万多亩，又都集中在内蒙古自治区克什克腾旗。这片沙地云杉最大的树龄有600年，最小的树龄也有100年之久。对于每一个前去的旅行者，云杉是饱经风霜、洞察世事的老者，细细听，沙沙的风声间，它在诉说着光阴的故事。

这片云杉年纪很大，却一点也没有衰老的迹象，在万物复苏的春天，株株云杉吐出嫩绿枝叶，犹如待嫁的新娘；烈日炎炎的夏日，云杉们枝叶相连，为茫茫沙漠撑开绿伞；霜后的深秋，百草枯黄，万

▲火山锥

花纷谢，只有云杉依旧枝繁叶茂，一派生机；白雪飘飞的寒冬，这些云杉又成为防风固沙的勇士，迎风傲雪昂然挺立。清朝乾隆皇帝多次登上白音敖包山顶观赏云杉林，还为它的品质写下赞叹的诗句：

我闻松柏有本性，经春不融冬不凋。

凌空自有偃盖枝，讵无盘层傲雪霜。

近年来，在浑善达克沙地克什克腾旗响水电站周围的沙丘上，专家又发现了大面积杜松和油松混交林，面积达3万多亩。

杜松和油松属亚乔木，是抗旱固沙的优良品种，在固定沙丘上和半固定沙丘上都可以生存。不过，我国北方很难见到成片的杜松和油松原始林，这

可以说是浑善达克沙地展现给我们的一个惊喜。经确认，这片混交林是我国最靠北的杜松和油松混交林。

这样一片变化丰富、广阔无垠的土地，充满了吸引力，对野生动物尤其如此。这里是众多野生动物的繁殖地和栖息地，比较常见的有獐、狍、鹿、獾子、狼、沙狐、山兔等多达50余种。这些多样的植物和动物，让浑善达克沙地有了"生物基因库"的美名。

◆ 旅游资源

听了这么多浑善达克沙地的介绍，是不是很想亲自去体验一下当地的风情？那这里有哪些旅游区是特别值得一去的呢？

浑善达克沙地既是研究沙漠成因和风沙源治理的重要科研基地及科普基地，又是旅游探险、观赏沙地动植物多样性的休闲胜地。这里有以达里诺尔湖为代表的河湖景观，有沙榆树为代表的沙地疏林景观，还有沙地云杉这样的古老植物群落。

在达里诺尔湖西北岸，密集分布着102座低矮的火山锥，是从上新世至下更新世间歇喷发形成的，从时间上看，距今一百六十四万年到一万年。

达里诺尔火山群是我国东北地区的九大火山群之一，火山锥形态各异，被称为"五大连池火山的微缩景观"。在出露的火山喷发断面，各种形状的火山喷发凝灰

知识链接 ⓥ

火山锥，是指火山喷出物在喷出口周围堆积而形成的山丘。由于喷出物的性质、多少不同和喷发方式的差异，火山锥具有多种形态和构造。以组成物质划分：有火山碎屑物构成的渣锥，熔岩构成的熔岩锥，碎屑物与熔岩混合构成的混合锥。以形态来分：有盾形、穹形、钟状、圆锥状等火山锥。

死火山，是指史前曾发生过喷发，但在人类历史时期从来没有活动过的火山，它们因长期不曾喷发已丧失了活动能力。有的死火山仍保持着完整的火山形态，有的则已遭受风化侵蚀，只剩下残缺不全的火山遗迹。非洲东部的乞力马扎罗山、我国山西大同火山群等均为死火山。不过，死火山也有"复活"的可能性。意大利维苏威火山就在沉寂了10000多年之后，突然"死而复生"，把庞贝古城吞没了。

岩满布山顶，对于了解神奇的火山喷发过程以及喷发后的产物，是难得的现场。

专家说，达里诺尔的火山群是死火山，目前没有任何活动迹象。而由于低矮和风化严重，这些火山口早已被人们纳入了日常活动的空间。

如今，这里已经建立了达里诺尔火山群园区，它是克什克腾世界地质公园八大园区之一，总面积10 000多平方千米。星罗棋布的火山群，一碧万顷的贡格尔草原与草原明珠达里诺尔湖共同构成奇异壮丽的自然景象，已成为国内外游客钟爱的一个旅游点。

▲浑善达克沙地

内蒙古自治区赤峰市克什克腾旗的西部，是距离首都北京最近的内蒙古草原——贡格尔草原。

贡格尔草原上湖泊众多，大小湖泊达20多个，前面介绍的达里诺尔湖是其中最大的一个，像草原上明亮的眼睛。还有查干突河和项格尔河绕贡格尔草原而过，流水穿起一个个散落的湖泊，似戴在草原上的翡翠项链，为青青的草原更添秀色。

据当地人介绍，贡格尔草原四季景色不同：春天的草原，绿草青青，近水之地，到处是蒲莲，到处是黄花，馥郁芳香，丹顶鹤、白天鹅、大雁等候鸟大批集合在这里；夏日的草原，碧草连天，百花盛开，无拘无束地铺成了花的海洋，湖泊水色犹如天池倾泻；秋天的草原，秋风乍起，天似穹庐，白云朵朵，似明镜般清澈；冬季的草原，远山近地，一片银白，极目远望，原野茫茫，让人有超凡脱俗的感觉。四季各有特色，却又都一样的迷人。

若有机会来到这个美丽的地方，置身在这巨大的"自然花园"里，尽情地享受大自然的恩惠，一定能够远离城市的喧嚣，远离生活的繁杂，让身体和心灵在纯净的草原上舒展净化。

在克什克腾旗的东北部，另有一处奇景——阿斯哈图石林。

阿斯哈图是蒙语，汉译为"险峻的岩石"。在海拔1600米~1900米的花岗岩丘陵上，山连山，峰叠峰，方圆十几公里，裸露着形态各异的石林，是世界上罕见的花岗岩石林。据专家分析，阿斯哈图石林主要是由冰川融化时形成的大量冰川融水的冲蚀作用下形成的，所以叫"冰川石林"。

石林整体风格浑厚粗犷，在荒野中突兀而立，十分触目。走近了看，石林形态多变，大家在里面几乎找不到形状类似的两个。当地百姓看得久了，看出名堂，于是石林中便有了"成吉思汗拴马柱"、"神剑石"、"南天门"、"神女石"等名称。一处石景，从不同的方位观赏，会产生不同的视觉效果，也会产生不同的联想，这时，你会为大自然的神奇感慨万千。

1997年，经国务院批准，达里诺尔地区成为综合性国家级自然保护区。这片自然保护区面积达119 413公顷，以保护珍稀鸟类和它们赖以生存的湖泊、湿地、草原、林地等生态系统为主。

这里是内蒙古高原上著名的内陆湖泊生态系

▲贡格尔草原

统，各种河流、沼泽及湿草甸等一起构成了重要的湿地生态系统，占总面积的35.8%，对该地区生态系统的平衡稳定起到了主导作用，所以这里一直有"草原明珠"的美称。

这里是中国北方最大的候鸟迁徙通道，也是东北亚最重要的候鸟集散地之一。经过专家多次考证，这里鸟类有15目32科109种，国家一级保护鸟类就有丹顶鹤、白鹤、黑鹳、大鸨和玉带海雕等6种。

每年三四月份，湖水刚一化开，大批候鸟就从南方飞回，在浑善达克沙地的小湖和泡子边落脚栖息，在芦苇、蒲草中产卵和育仔。根据记载，1985年春季的一天，有人见到了2300余只白天鹅。这些白天鹅在湿地飞翔，犹如飘飘仙子，流露着一种高雅华贵的气氛，使人不由想起柴可夫斯基的《天鹅

湖》。也因此，达里诺尔湖被誉为"天鹅湖"。

达里诺尔国家级自然保护区是目前我国最大的草原与草甸生态系统类型的自然保护区，"大而全"是它的特点。大家如果在这里游览一番，可以非常全面清楚地了解内蒙古高原典型草原生态系统的结构。

从北到南，整个保护区形成了玄武岩台地——湖积平原——湖盆低地——风成沙地依次排列的景观生态格局。与之相呼应的，是台地平原及湖积平原植被——低湿地植被——沙地疏林草原植被的有序分布。

大家可以在园区西北部的玄武岩台地和湖积平原上观赏宽阔坦荡的大草原，这里发育着内蒙古高原最具代表意义的栗钙土禾草草原；大家也可以去南部的小腾格里沙地，体验别具特色的榆树疏林草原景观区；还可以在东南部的波状沙丘中见到沙坨地植被与湿地植被镶嵌分布的情节。

疏林、灌丛、草甸、沼泽植被，这一幕一幕就像标准的教科书一样，告诉你什么是真正的沙地草原景观。

◆人类活动

浑善达克沙地的牧业发达，在西部和东部的各种沙丘之间，都分布有宽广的丘间低地。尤其是在沙地的东部，由于降雨量丰富，地貌以固定沙丘为

▲达里诺尔湖

主，这些地方植物生长繁茂，牧草广布，并有不少湖泊，成为当地主要的牧场。

围绕草场资源发展畜牧业，在很长时间内都是改善沙地居民经济状况的主要途径。

后来，当地人们找到了更多利用自然资源的方式。

达里诺尔地区是全国风能资源最丰富的地区之一，素有"一年两季风，从春刮到冬"的说法。然而，在过去的漫长日子里，当地牧人却只能"守着风能点油灯，听着风声躲寒冬"。

现在，事情有了变化，在浑善达克沙地上，一种酷似西班牙著名作家塞

万提斯笔下堂·吉珂德时代的"大风车"，深受牧民们的喜爱。这就是阿齐乌拉风力发电站，今天牧民用来提水、照明、看电视的电力都来自这里的风力发电机。

风能作为一种清洁无污染的可再生能源，越来越受到世界各国的重视，能够善用风就能造福人类。浑善达克沙地上，矗立的众多大风车，像一个个白色的大巨人，组成了一幅别样的风景。

▲达里诺尔湖退潮时的火山石

历史上，浑善达克沙地经历了无数次的浩劫，但是它周边的锡林郭勒草原，始终是世界上最好的天然草场之一，像一颗镶嵌在祖国北疆的碧绿宝石，焕发着夺目的光芒。

直到近年来，由于气候的持续干旱以及砍伐林木和超载放牧，索取大大多于投入，造成草场退化，河流湖泊萎缩，使浑善达克沙地沙化日益严重。

这不仅严重地动摇了当地农牧业赖以生存的基础，也影响了整个华北地区的生态平衡。研究表明，浑善达克沙地已成为近年来困扰北京的沙尘的主要源头之一。

这里有一组资料最能说明问题：在近45年中，浑善达克沙地面积由原来的2 570 120公顷增至3 045 130公顷，平均每

知识链接

沙榆树是生长在我国北方沙漠中的一种特有的树种，它树皮厚而粗糙，木质坚硬美观，在沙漠中有极强的生命力。沙榆树不需要人们去播种，种子成熟后随风飘扬，落在哪里就在哪里发芽、生根、成长。

在浑善达克沙地东部边缘的克什克腾旗达尔罕乌拉苏木，生长着大面积的以沙榆为主的沙地疏林，为沙地带来了别样的魅力。不论是高温还是严寒，沙榆树总是不屈地傲然屹立在原野上，露出草原卫士的笑脸。

年以10 556公顷的速度快速递增，整个固定、半固定沙丘地呈现出比较密集的斑点流沙分布，出现风蚀窝和风蚀洼地。受风沙危害的农田达2.7万公顷，草地达173万公顷，村庄700个，铁路180千米，公路500千米。

沙地中的一些湖泊，水面缩小或枯竭。动物资源，如黄羊、旱獭、狍子，由于土地沙化，数量急剧减少，在许多地区已经绝迹。1954年~1983年底，冬季无雪现象占年数的33.3%。每年春季，沙尘暴频繁发生，而且强度逐年增高。

浑善达克沙地如此严峻的生态环境，引起了人们的警觉和关注。当地政府借助西部大开发的有利时机，紧急启动治沙生态工程。目前，以恢复生态平衡为目的的各个项目正在逐步实施，人们也开始转变发展理念，认识到在发展经济的同时保护改善生态环境的战略意义。

▲美丽的达里诺尔湖

呼伦贝尔大草原的"心病"——呼伦贝尔沙地

呼伦贝尔草原的名字来源于草原上的两颗明珠——呼伦湖和贝尔湖。据说，呼伦和贝尔是草原上一对夫妇的名字。

很早很早以前，丈夫贝尔与妻子呼伦一同在草原上放牧，他们恩爱而勤劳，有数以千计的牛羊，还不忘记草原上的牧民，经常把牛羊分给牧民，教给牧民饲养牲畜、料理家务的方法。在他们的帮助下，这片草原上的牧民也过上了富裕的生活。

恶魔听到了这个消息非常嫉妒，将他们夫妻拆散，扔到草甸子上，一南一北，还把草原变成了荒地。两人无法相见，非常痛苦。后来妻子想到，如果我们在各自的地方都能挖出泉水，顺流而下，不就永不分开了吗？两人间的默契让他们心灵相通，丈夫也开始挖掘泉水。经过很多年，终于挖出了两眼清泉。草原上有了水，就有了绿色，牧民又过上

▲樟子松行动

幸福安康的生活了。但是呼伦和贝尔还是相见不了。怎么办？他们为了能够相会，毅然决定，几乎是同时，跳进了各自挖掘的清泉中，化作滚滚泉水，相对而流，永远不分开了。

于是，草原上就有了两个湖：北面的是妻子呼伦挖的，就叫呼伦湖；南面的是丈夫贝尔挖的，就叫贝尔湖。

呼伦贝尔草原总面积约93 000平方千米，是世界上三大著名草原之一，也是目前我国保存最完好的草原，享有"北国碧玉"的美誉。

不过，由于气候持续干旱，加上人类过度放牧和不合理开垦等活动，这片草原也开始退化，中南部出现并且还在不断扩大的沙带，成了它的"心腹

大患"。如果再不采取措施，呼伦贝尔过去那种"风吹草低见牛羊"的唯美风景将很难再现。

◆分布面积

呼伦贝尔沙地位于呼伦贝尔高原，在内蒙古自治区东北部和黑龙江西部大兴安岭以西之间。沙地东部是大兴安岭西麓丘陵漫岗，西边对着达赉湖和克鲁伦河，南面与蒙古相连，北边是海拉尔河北岸。整个沙地东西长约270千米，南北宽约170千米。

根据2004年国家公布的数据，呼伦贝尔沙化土地总面积已经达到130万公顷，成为继科尔沁、毛乌素、浑善达克沙地之后全国第四大沙地。

◆地势地貌

呼伦贝尔沙地较为平坦开阔，略微有些波状起伏。地势南部高于北部，且由东向西逐渐降低，以达赉湖最低，海拔只有545米。

呼伦贝尔沙地多固定、半固定沙丘，前者占沙地总面积的73.5%，后者占沙地总面积的

▲防风固沙的樟子松林带

22.2%。固定和半固定沙丘主要是蜂窝状和梁窝状沙丘，也有灌丛沙地和缓起伏沙地。在沙丘间，普遍有广阔的低平地，是优质的农业垦殖区。

◆气候状况

呼伦贝尔沙地的气候具有半湿润、半干旱的过渡特点。

这里年平均气温较低，在2.5℃~0℃之间，7月份比较温暖，平均在18℃~20℃之间。年降雨量介于280毫米~400毫米之间，多集中于夏秋两季，雨热基本同步。

◆水位状况

相对湿润的气候，使呼伦贝尔沙地中分布着众多河流、湖泊和沼泽，较

大的河有海拉尔河及其支流伊敏河、辉河、莫勒格尔河等，还有乌尔逊河、克鲁伦河、毛盖河等。

也因为众多的河流，呼伦贝尔沙地地表水资源丰富，水分条件较为优越。

◆ 生物状况

由于呼伦贝尔沙地相对湿润的气候，这里的植物生长良好，植被覆盖率一般在30％以上，个别地区可达50％左右。具体地说，我们可以将呼伦贝尔沙地的植被按区域特征划分为三大类型：

沙地东部植被，主要是大兴安岭西麓森林草原植被。这个区域的树木以白桦为主，混生有山杨等。草原群落最常见的是线叶菊、贝加尔针茅、羊草等。在沟谷以及河漫滩，分布着中生杂草和苔草类组成的沼泽化草甸以及沼泽植被。在更靠南部的红花尔基一带，还有大面积的樟子松林带。

沙地中部植被是典型的草原植被，主要有小叶锦鸡儿和灌丛化的大针茅草原等，还有沙蒿、冷蒿半灌林群落，黄柳灌丛，以及榆树疏林等。在河漫滩及低湿地有中生禾草甸、苔草甸、杂类草甸等。

这些植物中，有一种是羊儿很喜欢吃的——冷蒿。冷蒿属于菊科多年生草本植物，是生态幅度很广的旱生植物。在草原牧民中间流传着一种说法，"羊要肥壮，多吃冷蒿"。这可是相当高的评价，牧民把冷蒿当成"抓膘"、"保膘"和"催乳"的重要植物，一个草场好不好，冷蒿长得多不多是重要选择条件。在漫长的冬天，羊吃的是枯草，喝的是雪水，严寒使羊的消耗很大，一个冬天要消耗1/3左右的体重。而度过了冬天后，由于冷蒿较早返青，羊吃了可以得到丰富的营养，从而很快"贴膘"。牧民说，羊在春

▲海拉尔河

季见了冷蒿，任凭你怎样驱赶，它们都不会走，只顾低头享受美味的大餐了。

沙地西部植被也属于典型草原植被，但占优势的是旱生性较强的克氏针茅，同时有丛生小禾草、旱生小灌木、半灌木和葱等伴生，但

▲呼伦贝尔沙地

相比中部，榆树疏林已经不存生。在克鲁伦河沿岸滩地及河谷低湿地，则能见到芨芨草、马蔺等盐化草甸。

在沙地见到马蔺，会给人惊艳的感觉。马蔺是一种美丽而神奇的荒漠化治理植物，既能很好地保持水土，又有美丽清新的外观；既有顽强的生命力，又容易建植管理。据测量，马蔺的根系入土深度可达1米以上，而且须根稠密发达，像是一把打开的大伞，这不仅保证了它自身的适应性，还使它具有很强的缚土保水能力，对涵养地下水源有明显作用。

克氏针茅对土壤和温湿度的反映很敏感，即使在轻度盐化的土壤上，也难以见到它，它的生长状况可以作为土地和气候类型的判断依据。这里面有些什么学问呢？

在呼伦贝尔沙地西部，最常见的是克氏针茅和糙隐子草组成的草地，面积大，分布广。如果略趋湿润，就会形成克氏针茅和大针茅组合的草地；如果趋于干旱，就会形成克氏针茅和克列门茨针茅草地；当土壤沙砾质化时，比较常见的是克氏针茅和小叶锦鸡儿或者和冰草搭配。呼伦贝尔沙地主要是中沙和细沙，但在西南也出现土壤中含沙砾物质增多的情况，所以沙区西部相比中部，小叶锦鸡儿的数量明显增加；当海拔上升时，往往形成克氏针茅和羊茅组合的草地；甚至放牧利用过度时，草地也会做出反应，使小半灌木作用增强而形成克氏针茅和冷蒿组成的草地。

虽然大针茅、克氏针茅等针茅属植物对产草量的贡献很大，但它们不是很受牧民的欢迎，在牧民口中，这类植物都被叫做"狼针"。要知道狼在牧民看来可是最不受欢迎的动物之一，为什么针茅属植物会有这么令人讨厌的

▲白桦

名字呢？

原来，这类植物会结出带有芒针的颖果，而且这种芒针还是螺旋状的，一旦沾到绵羊毛上，绵羊每走一步，芒针就向里面前进一步，最终刺进羊皮，在羊皮上留下孔洞，大大影响羊皮质量。羊对于牧民是影响生计的重要动物，他们不喜欢针茅属植物也就不奇怪了。

说完令牧民深恶痛绝的"狼字辈"植物后，再说一说深受草原牧民喜爱的"羊字辈"植物——羊草。羊草是一种产量高、营养丰富的禾本科牧草，它叶鞘光滑，叶片厚而硬，水分很足，而且微带甜味，难怪绵羊、山羊特别爱吃。说是"羊草"，其实不光羊爱吃，几乎所有家畜，甚至老鼠、蝗虫等也都爱吃。这种草耐践踏、耐放牧，在夏秋季节还是家畜抓膘的重要牧草，自然深受牧人喜爱。

莫使"碧玉"成荒漠。

将呼伦贝尔沙地的自然条件综合起来，我们会发现：这里盛夏季节降水较多、热量充足，有利于进行农业生产；尤其在7月份，平均气温较高，是牧草生长的好时节，特别适宜牲畜放牧抓膘，因而也有利于发展畜牧业；而分布在沙地中的固定和半固定沙丘普遍起伏和缓，沙丘间分布着的广阔低平地，也是优质的农业垦殖区；再加上这里丰富的生物资源，为发展林业提供了条件。

概括起来说，呼伦贝尔沙地处于森林与草原的过渡地带，地理环境优越，沙地

▲沙尘暴

又以固定和半固定沙丘为主，为农、牧、林业生产的综合经营提供了广袤的土地和丰富的生物资源。

但是，自然界的运行是有内在的客观规律的，任何事物都不能超出固有的"度"。

1999年以来，呼伦贝尔气候异常，年降水量偏低，同时夏季持续高温，水分蒸发量增加，干旱程度加重。本来，自然条件的变化并不一定会导致沙地的扩张，因为大自然是有自我修复能力的，樟子松和丛生的灌木都会紧紧束缚沙地，防止"病症"蔓延。

可是再加上人类活动，情况就恶化了。人为地过度放牧、滥垦乱伐，以及保护意识淡漠，沙化土地得不到及时治理，以往碧玉葱葱的草地出现了固定沙丘活化现象，使呼伦贝尔沙地沙化形势严峻。

知识链接 ✓

海拉尔河位于我国内蒙古自治区呼伦贝尔盟境内，它发源于大兴安岭西侧的吉勒老奇山西坡，全长1430多千米，流域面积5.3万平方千米。海拉尔河源流为大雁河，由东至西流向，和库都尔河在乌尔旗汉林场汇合后开始叫海拉尔河。

海拉尔在蒙古语中意为"雪水之河"，这个名字是很贴切的。海拉尔河流域内年积雪厚度可达半米，全年封冻期约200天。受降雪影响，海拉尔河一年中有两次洪峰，一次是5月融雪期，另一次是8月夏雨期。

下面一组数据显示呼伦贝尔沙地的形势很不乐观。

2004年国家公布：呼伦贝尔沙化土地总面积13 052平方千米，与1999年全国沙漠化普查资料比较，沙漠化土地面积扩大了4 288平方千米。变化的不仅是沙地的数量，1999年~2004年五年间，呼伦贝尔沙地的沙化土地组成结构也在向坏的方向变化，流动、半固定沙地增加了1 925平方千米，沙地腹地沙层深达900米，内部植被覆盖率迅速降低，潜在形势非常严峻。

与呼伦贝尔草原这块碧玉相伴的沙地，已经成为中国四大沙地之一，而且是四大沙地中唯一一个仍然在扩张的沙地。

近几年，干旱少雨成为呼伦贝尔草原的噩梦。大部分时间里整个草原的颜色是枯黄的，偶尔有大雨下过，才能让草原泛绿几天，但这样的雨有时一整年都没有一场。

2007年主汛期，向来水量充沛的莫日格勒河、克鲁伦河竟然断流。有"呼伦贝尔草原母亲湖"之称的呼伦湖水位也严重下降，昔日的湖边向里缩回了近千米，部分湖面已经变成沙滩。

湖泊越来越小，沙尘暴却越来越肆虐。较之城市，草原里沙尘暴更加凶猛，它可以从几百米外没有任何阻拦地摔打在人脸上。以前，牧区牧民早上起床，如果推不开蒙古包的门，那一定是夜里的一场大雪把蒙古包给埋了；现在已经很少有这样的大雪，能埋没蒙古包的，只有春天的沙尘暴。

越来越恶劣的气候条件把草原推到了生死关头。2007年，部分蒙古族居民不得不离开家园，被政府安置在生态移民安置点，开始做定居牧民。这些牧民被称为"生态移民"，更残酷的说法是"生态难民"。

◆心病还须心药医

如果呼伦贝尔沙地不能得到及时治理，我们失去的不仅是一片绿色，也是我们赖以生存的家园。

现在去呼伦贝尔沙地，你或许会见到很多当地人在黄沙囤积的山坡上忙活，他们的工作是把远道运来的草梗埋在沙地里，形成横竖交叉的均匀草

▲紫花地榆

格，以防止风吹沙走，来固定沙地。从5月份到8月份，他们每天进行这样的工作，希望用这种方式把辖区内近万平方千米的所有沙地都固定住。

或许你会担心，当大风来临，这所有的努力是不是会在顷刻间化为乌有？或许吧，但重建从来比破坏困难得多，即使有一点愚公移山的"傻气"，为了保住家园，也是值得的。

除了这种亡羊补牢式的治理，政府也支持休养草原的"治本"方式。

每年3月到6月，是呼伦贝尔的季节休牧期，可以让这个"病人"可以好好休养不受打扰。通过牧草"忌牧期"休牧，可以促进草原植被发挥生长潜

力。另外，政府还根据土地沙化程度，限定了一些禁牧区域，采用网围栏的方式，全年严禁放牧。

保护草原的同时，政府也对牲畜数量加以控制，主要是疏导牧民尽量养殖高效益的牲畜，以限制牲畜数量无限制的膨胀。2006年，呼伦贝尔牧区的牲畜头数从1984年的200万头只增加到600万头只，2007年开始进行控制后，总数稍有下降。预计到2010年，下降到400万头只。

根据呼伦贝尔沙地的实际情况，当地还实施了富有特色的"樟子松行动"。

这一"特别行动"是模拟樟子松自然分布规律，以大面积禁牧、小面积封育的形式，以簇状或组团状栽植樟子松大苗，并促进它的自然更新。目的是用10%的樟子松栽种面积，达到100%的治沙效果。

樟子松是呼伦贝尔的乡土树种，它喜爱阳光，根系发达，树干通直，生长更新迅速，具有耐旱、耐寒、抗风等特性。樟子松多生在比较陡峻的阳坡或半阳坡上部，因为能适应瘠薄土壤，在沙丘上也有生长，适应性强。

▲马蔺

正是因为这些生物学特性，让樟子松从众多树木中脱颖而出，成为建设呼伦贝尔沙地绿色长廊的首选。目前，通过模拟天然樟子松生长分布、更新发展的规律，"樟子松行动"已经培育出大面积樟子松林，正在向着250千米长、140千米宽的"绿色长廊"的目标努力。

"心病还需心药医"，但愿找到药方之后的呼伦贝尔草原能早日恢复，再次成为晶莹润泽的碧玉！

四

中国荒漠化与防治

什么是荒漠化？

1992 年世界环境与发展大会上通过的定义是："包括气候和人类活动在内的种种因素造成的干旱、半干旱和亚湿润地区的土地退化。"也就是说，由于风力侵蚀、流水侵蚀、土壤盐渍化等造成的土壤生产力下降或丧失，都称为荒漠化。

荒漠化被称为"地球的癌症"，是 20 世纪下半叶以来现代人类社会面临的四大生态环境问题之一。

荒漠化与沙漠化有什么区别呢？

沙漠化其实是狭义上的荒漠化，具体是指在脆弱的生态系统下，由于人为过度的、不合理的经济活动，破坏其固有的平衡，使原来非沙漠的地区出现了类似沙漠景观的环境变化过程。

正因为如此，凡是具有发生沙漠化过程的土地都称之为沙漠化土地。沙漠化土地还包括了沙漠边缘风力作用下沙丘前移入侵的地方和原来的固定、半固定沙丘由于植被破坏发生流沙活动的沙丘活化地区。

在一定程度上来看，沙漠化实际上是荒漠化的一个过程，但是荒漠化最终的结果往往是沙漠化。因此，本书所介绍的侧重点就放在荒漠化上，荒漠化就包含着沙漠化过程。

中国是世界上深受荒漠化和沙漠化威胁的国家之一，种种原因造成我国国土面积的 27.9% 都是荒漠化土地，不光人们的生产、生活深受影响，而且带来了不可弥补的巨大经济损失。

我们有责任也有义务去关注我国的土地沙漠化，去为防治沙漠化作出自己应有的贡献。

从"世界防治荒漠化和干旱日"谈起

尽管人类对于荒漠化有清醒的认识，尽管各国都在进行着同荒漠化的抗争，但是难以遏止的土地荒漠化依然在继续吞噬着我们的家园，荒漠化在全球范围内呈现扩大的趋势。

全球有多少土地被荒漠化吞噬了呢？

目前，全球荒漠化面积已达到4 800万平方千米。

这个数据代表着什么含义呢？

4 800万平方千米超过了整个亚洲的陆地面积，甚至比整个地球陆地面积的三分之一还多！4 800万平方千米几乎是俄罗斯、加拿大、中国和美国国土面积的总和！

而且这个数据还在进一步扩大，荒漠化这只张开血盆大口的怪兽，好像怎么也吃不饱似的，以每年5万~7万平方千米的速度不断扩张。其中，以热带稀草原和温带半干旱草原地区发展最为迅速。

这一刻，全球有110多个国家，10亿多人口正遭受土地荒漠化的威胁，其中1.35亿人面临流离失所的危险。全球每年因土地荒漠化造成的经济损失超过420亿美元。现如今，荒漠化已经不再是一个单纯的生态问题，已演变成经济和社会问题，甚至会给人类带来贫困和社会动荡。

进入20世纪以来，荒漠化造成的悲剧数不胜数，每一幕都触目惊心。让我们一起去世界各地看一看，荒漠化在各大洲到底严重到什么程度。

荒漠化最严重的大洲是非洲，全球荒漠化土地有一半在非洲。

▲1934年，美国新墨西哥州的黑色尘暴

过去半个世纪，撒哈拉沙漠南部荒漠化土地扩大了65万平方千米，导致撒哈拉地区成为世界上最严重的荒漠化地区。

20世纪60年代末开始，撒哈拉以南非洲国家经历了数次旱灾，1982年再次蒙受百年未见的旱灾浩劫。大地上沙尘弥漫，土地干裂，几乎所有的河流、湖泊都已经干涸，连非洲西部原本波澜壮阔的塞内加尔河也变成了涓涓细流。土地上人们也几乎被荒漠榨干了，沙漠边缘的10多个国家，连续5年农作物颗粒无收，数百万人在饥饿和死亡线上挣扎。80年代干旱高峰期，在撒哈拉干旱荒漠区的21个国家中有3 500多万人受到影响，1 000多万人背井离乡成为"生态难民"，非洲大陆在干旱和饥荒中濒临绝境。

在亚洲，荒漠化面积占土地总面积的34％。从受荒漠化影响的人口的分布情况来看，亚洲是世界上受荒漠化影响的人口分布最集中的地区。

中亚地区由于20世纪50年代的过度开发，生态恶化已波及400万平方千米的广阔土地。1954年~1964年，前苏联在北哈萨克斯坦地区进行草原开垦，面积达25.3万平方千米，占整个草原总面积的42.1%。结果，原来"清风吹拂"的大草原，现在年沙尘暴频率在20天到30天以上。

知识链接 ✓

世界日是经联合国的专门机构及其他国际组织建议，由联合国大会讨论确定的，在国际范围内开展的单项活动日。世界日的宗旨跟国际年有些相似，目的是推动各国政府和社会各界进一步重视一些社会问题，并通过开展种种活动，为社会解决一些问题。

为了明确每个阶段人类的共同目标，世界日往往会设立一些详细的主题，让我们来看看世界防治荒漠化和干旱日都有哪些主题？

2002年：荒漠化与土地退化

2003年：水资源管理

2004年：移民与贫困

2005年：妇女与荒漠化

2006年：沙漠美景向荒漠化挑战

2007年：荒漠化与气候变化——一个全球性的挑战

2008年：防治土地退化以促进可持续农业

2009年：保护土地和水就是保障我们共同的未来

沙尘暴的产生是以大面积粉尘来源区的存在为前提的，随着源区细颗粒地表物质被风吹扬搬运，土地沙漠化随之出现。因此，可以说沙尘暴频发是土地沙漠化的一种病症表现。沙尘暴对地表物质的搬运有多严重呢？大家可不能小看它，一次风速6级~7级的沙暴，在距地面高1米、长100米的断面上，12小时内可以搬运沙物质550吨！风蚀给垦区造成的土地沙化，再现美国当年开垦中西部大草原时所呈现的景况。

在北美洲，有4亿多公顷土地的荒漠化正日趋加剧。

美国中部大平原在欧洲人定居以前，是野牛、羚羊等野生动物生息之地和印第安人的狩猎区，土地利用与自然环境协调。19世纪末，大批农民首次进入，开始大规模农业开发，天然草场被翻耕，风蚀过程逐渐加剧。30年代初期，局部的沙尘暴频繁发生，流沙掩埋农田，危害基本生活环境，许多农民不得不迁出大平原。

沙尘暴的危害到1934年5月达到最严重程度，发生了震惊世界的"黑风暴"事件——半个美国被铺上了一层沙尘，狂风卷着黄色的尘土，遮天蔽日，向东部横扫过去，形成一个东西长2400千米、南北宽1500千米、高3.2千米的巨大的移动尘土带，当时空气中含沙量达每立方千米40吨。风暴持续了3天，掠过了美国2/3的大地，3亿多吨土壤被刮走，风过之处，水井、溪流干涸，牛羊死亡，人们背井离乡，一片凄凉。

在南美洲，荒漠化已影响到290万平方千米土地。

全球荒漠化土地主要集中分布在亚洲、非洲和拉丁美洲等发展中国家。这些国家由于资金缺乏和技术落后，无力独自应付荒漠化扩大和加剧的趋势。鉴于荒漠化给全球带来的灾难性后果，国际社会逐步认识到，人类只有携手合作，才能遏制荒漠化的进一步扩大，实现全球生态、经济和社会的可持续发展。

1975年，联合国大会通过决议，呼吁全世界与荒漠化作斗争。1977年，联合国在肯尼亚首都内罗毕召开世界荒漠化问题会议，提出了全球防治荒漠化的行动纲领。

1994年，国际社会终于达成默契，11月14日，包括中国在内的100多个国家在巴黎签署了《国际防治荒漠化公约》，这标志着人类与荒漠化的抗争揭开了新的篇章。

为了进一步提高世界各国对防治荒漠化重要性的认识，唤起人们防治荒漠化的责任心和紧迫感，当年12月，第49届联合国大会通过了115号决议，决定从下一年起，把每年的6月17日定为"世界防治荒漠化和干旱日"。为推动整个国际社会重视荒漠化问题，并促使与荒漠化相关的问题尽快得到解决，联合国大会还曾将2006年定为"防治荒漠化国际年"。

如今，防沙治沙已经成为一件备受世界各国关注的大事，它也被国际社会列为21世纪人类所面临的重大问题之一。除了为防沙治沙设立国际日之外，相关立法工作也逐渐受到重视。目前，全球许多国家都分别制定或者完善了防治沙漠化的法律，各国立法大致分为三种情况：

1. 制定单独的法律。例如丹麦早在1539年就由国王颁布了防沙法，在1779年和1792年，丹麦又根据实际情况的变化分别修改了这一法律。日本在明治三十年颁布了防沙法，昭和六十二年进行了一次修改。美国于1719年针对海岸沙丘的破坏情况制定了防止植被破坏的法律。1976年，美国在联邦土地管理法中规定，要将具有历史、自然等资源的荒漠区划定为荒漠保护区。

2. 制定有法律约束力的行动计划。如澳大利亚在20世纪初开始出现土地沙化端倪，联邦议会1936年及时颁布草原管理条例，1989年又制定了土壤保护和土地爱护法案。前苏联1960年颁布了自然保护法，明确规定将受到风力侵蚀的土地列入法律保护的自然客体。

3. 在环境法中作为一个重要内容加以规范。

在全球性公约已经制定的前提下，按照公约的规定，并在国际社会特别是联合国有关机构帮助下，不少国家还将防治土地荒漠化、保护生态环境作为国家可持续发展的重要内容，并根据国情制定并实施了防治荒漠化的具体计划，在防治荒漠化领域取得了一定的成果。

但全球荒漠化现象依然很严重是不争的事实，荒漠化治理将是一项长期复杂的工程，还需国际社会坚持不懈的努力。

在这样的国际大背景下，饱受土地荒漠化威胁的中国又该如何开展自己的治沙工作呢？下面就让我们一起看看我国的土地荒漠化状况和治理进展吧。

中国荒漠化概况

中国荒漠化现状

中国是世界上荒漠面积较大和危害较严重的国家之一，我们来看看三个不同时间段的统计资料和数据：

1. 根据《中国21世纪议程》1994年的统计数据，中国荒漠化面积占全国土地面积的8%，其中，风沙活动和水蚀引起的荒漠化几乎各占一半。

2. 根据国家林业局1997年的估计，我国荒漠化土地为262.2万平方千米，约占全国土地面积的27.3%。

3. 根据1998年全国荒漠化和沙化监测结果显示，我国现有荒漠化土地267.4万平方千米，约占国土面积的27.9%。

如此严重的土地荒漠化趋势，已经使我国付出了惨重的代价。

我国的土地荒漠化共涉及18个省区的471个县市，西北、华北、东北的13个省区受荒漠化危害最为严重，几乎年年都有干旱、沙尘暴等灾害发生；全国约有1.7亿人口受到荒漠化的危害和威胁，近4亿人的生产生活受到影响；约有2 100万公顷农田正遭受荒漠化危害，有3 000多千米铁路、3万千米公路和5万多千米渠道常年受到风沙危害，其中800千米铁路和数千千米公路因风沙堆积而阻塞；据中、美、加国际合作项目研究，我国每年因荒漠化危害造成的直接经济损失约为540亿元，间接经济损失是直接经济损失的2~3倍。

由此可见，现阶段我国土地荒漠化的面积正不断扩大，影响范围也在增加，危害程度更是日益加深。

还有一个最直接的事实是我们不愿看到却又无法回避的——目前我国土地荒漠化仍以每年约2 000平方千米的速度加速蔓延，形势十分严峻。

▲浑善达克沙化

根据对我国17个典型沙区，同一地点不同时期的陆地卫星影像资料进行分析，也证明了我国荒漠化发展形势十分严峻。毛乌素沙地40年间流沙面积增加了47%，林地面积减少了76.4%，草地面积减少了17%；浑善达克沙地南部由于过度放牧，短短9年间流沙面积增加了98.3%，草地面积减少了28.6%。此外，甘肃民勤绿洲的萎缩，新疆塔里木河下游胡杨林和红柳林的消亡，甘肃阿拉善地区草场退化、梭梭林消失等等一系列严峻的事实，都为我们敲响了警钟。

中国荒漠化类型及分布

我国的荒漠化土地主要有风蚀荒漠化、水蚀荒漠化、冻融荒漠化和土壤盐渍化4种类型，这样的分类或许有些枯燥，但可以帮助我们更细致地了解荒漠化，下面就逐一给大家介绍。

首先介绍在我国面积最大和分布最广的一种类型——风蚀荒漠化。沙漠的形成与干旱多风的气候条件密不可分，我们把因风力侵蚀作用而形成的荒漠化叫做风蚀荒漠化。

我国风蚀荒漠化土地面积160多万平方千米，主要分布在北方干旱、半干旱地区。其中，干旱地区的荒漠化土地约有87万多平方千米，大体分布在内蒙古狼山以西，腾格里沙漠以北，河西走廊以北、柴达木盆地及其以北、以西到西藏北部。半干旱地区的荒漠化土地约有49万平方千米，大致分布于内蒙古狼山以东向南，穿杭锦后旗、橙口县、乌海市，然后向西纵贯河西走廊的中东部，直到甘肃省北部蒙古族自治县，呈连续大片分布。另外有亚湿润干旱地区约24万平方千米，主要分布在毛乌素沙地的东部至内蒙古东部地区，大致以东经106°为界限。

水蚀荒漠化，顾名思义，跟流水有关。水蚀荒漠化指的是，土壤因降雨而松弛，或者被流水剥离，土壤粒子被冲到斜面下方，冲走的土壤积存到水道或下游流域。受水蚀荒漠化影响后，不仅表土层受到影响，还会使土壤失去蓄水能力和养分保持力。

我国水蚀荒漠化总面积为20多万平方千米，占荒漠化土地总面积的8%以上，主要分布在黄土高原北部的无定河、窟野河、秃尾河等流域，在东北地

知识链接 ⟨✓⟩

我国湿润地区、半湿润地区、半干旱地区和干旱地区的划分标准

首先要给大家介绍一个新的概念：干燥度。它是表征气候干燥程度的指数，又叫干燥指数。干燥度是通过计算蒸发量与降水量的比值而得出的，反映了某地、某时段水分的收入和支出状况。显然，它比仅仅使用降水量或蒸发量反映一地水分的干湿状况更加确切。

湿润地区，是指干燥度小于1.00的地区，降水量一般在800毫米以上，空气湿润，蒸发量较小。这里的自然植被一般是各类不同的森林，耕地以水田为主，水稻是当地主要粮食作物。

我国的湿润地区主要分布在秦岭-淮河一线以南的广大地区，也有一部分在青藏高原东南部边缘，以及东北三省的北部和东部地区。

半湿润地区是指干燥度在1.00~1.49之间的地区，降水量一般在400毫米~800毫米之间。这里的自然植被是森林草原和草甸草原，属于湿润地区森林带和半干旱地区草原带的过渡。耕地大多是旱地，水田只分布在有灌溉的地区。

我国的半湿润地区主要分布在华北平原、东北平原大部、黄土高原东南部以及青藏高原东南部。由于华北和东北地区降水集中在夏季，故春旱严重。还有一个分布区肯定是大家意料之外的，那就是海南岛西侧。海南岛不是经常下雨吗？没错，那里的降水量绝对大于800毫米，但因为终年高温，蒸发量很大，所以也属于半湿润地区。

半干旱地区是指干燥度在1.50~3.99之间的地区，降水量一般在200毫米~400毫米之间，蒸发量明显远远大于降雨量。这里的自然植被是温带草原，耕地以旱地为主。

整个半干旱地区从东北向西南分布，包括内蒙古高原的中部和东部，黄土高原和青藏高原的大部。这片地区是我国最重要的牧区。

干旱地区是指干燥度大于4.00的西北内陆地区。年降水量小于200毫米，很多地区甚至小于50毫米。自然景观是半荒漠和荒漠，只有在有水源的地区可以发展绿洲农业，局部地区可发展牧业。包括塔里木盆地、准噶尔盆地、柴达木盆地、内蒙古西部和青藏高原西北部地区。

上文中提到的亚湿润干旱地区实际上就是指介于半干旱地区与半湿润地区的一种过渡类型。

区主要分布在西辽河的中上游及大凌河的上游。

要注意的是，流水的侵蚀作用，往往是以人为活动破坏植被的地段作为突破口而进一步发展的。

冻融荒漠化则是指，由于在昼夜或季节性温差较大的地区，岩体和土壤由于剧烈的热胀冷缩而造成结构的破坏，以及质量的退化。

中国冻融荒漠化土地的面积共37万多平方千米，占荒漠化土地总面积的14％以上。冻融荒漠化土地主要分布在青藏高原的高海拔地区。

土壤盐渍化也和水有关，但它又发生在干旱、半干旱区，这到底是怎么回事呢？

土壤盐渍化是指由于漫灌和只灌不排，导致地下水位上升,这会使土壤底层或者地下水的盐分随毛管水上升到地表。遇上干旱的天气，水分大量蒸发，盐分却被留下来积累在表层土壤中。当土壤含盐量太高时，就形成了盐碱灾害。

中国是盐渍土分布广泛的国家之一，总面积达到23万多平方千米，

▲土壤盐渍化

占荒漠化总面积的9％以上。土壤盐渍化比较集中连片分布的地区有柴达木盆地、塔里木盆地周边绿洲以及天山北麓山前冲积平原地带、河套平原、银川平原、华北平原及黄河三角洲。

导致土地盐渍化的原因也包括了自然条件和人为因素两方面。水文地质条件肯定是决定性条件之一，因为地下水的埋藏条件和矿化程度控制着土壤盐分的分布，在相同埋深条件下，高矿化水分布区盐渍化程度较重；在不同埋深条件下，水位埋深越浅，盐渍化程度越重。水文条件提供了盐分，干

旱的气候又导致水分大量蒸发，地下水中的盐分随着蒸发不断向地表迁移聚集，最终破坏了土地质量。

虽然自然条件提供了土地盐渍化的客观基础，但是如果没有人类的推波助澜，土地盐渍化不会成为一个大面积的灾害。人类在许多地方大量开垦荒地，不合理利用水资源，最典型的如民勤一带，开采高矿化度水灌溉，而且灌溉方式仍为大水漫灌，在排泄不畅时引起地下水位上升，最终结果必然是土地不断积累盐分，逐渐发生盐渍化。

介绍完荒漠化的类型，再来看看它的分布。上文已经介绍过湿润与干旱地区的划分，现在就按照这些区域的划分，说一说荒漠化土地分布的区域性差异。

湿润地区几乎没有荒漠化，我们可以直接跳过。

半湿润地区已经开始出现荒漠化土地，但还比较少，分布面积只占我国荒漠化土地总面积的3.9%，主要出现在科尔沁沙地东南、东辽河以北、嫩江下游和吉林的白城等地区。从以上分布可以观察到，半湿润地区的荒漠化主要都形成于河岸和古河道的沙质阶地、河漫滩以及附近带，而且多呈不连续带状分布。

▲水蚀荒漠化

这个地区的荒漠化还有一个非常重要的性质，就是可逆转。由于区内气候条件比较优越，大自然可以发挥它的自我修复能力，就像是人体的免疫系统一样去对抗荒漠化这个恶疾。但是这种天然逆转的可能性的前提，是要减轻人为经济活动的压力。

半干旱地区的沙漠化土地是我国各类沙漠化土地分布最广、危害最严重的地段，占我国沙漠化土地总面积的65.4%，主要分布在内蒙古的中东部、冀北坝上高原、晋西北、陕北和宁夏的东南部等地区，以及雅鲁藏布江谷地。

这一地区的沙漠化现象主要发生在干草原、荒漠草原和旱垦区等地。由于地处农牧业生产交错地带，受到人类不合理的生产方式的影响，一些固定、半固定沙丘开始活化，形成流动沙丘与固定、半固定沙丘镶嵌交错的分布特征。前文介绍的毛乌素沙地和科尔沁沙地就大面积出现上述现象。

但是，其实这里的荒漠化也是可以逆转的，只是仅靠自然的恢复能力已经不能达到，需要人类更合理地利用土地，尽快采取有效的防治措施，开出一副好药方来避免荒漠化进一步恶化。

干旱荒漠区的自然条件很恶劣，沙漠化土地占我国沙漠化土地总面积的30.7%，大多散布在贺兰山以西的广大地区，特征是呈不连续状分布在一些大沙漠的边缘和绿洲周围，危害方式以活动沙丘的外侵和固定、半固定沙丘的活化为主。

这一地区的荒漠化可以说是到了病入膏肓的程度，治理难度较大。但这并不代表我们要束手就擒，如果能够注重绿洲等自然条件较好地段的植被和水源保护，我们至少可以减缓荒漠化的发展速度。

▲ 风蚀荒漠化

中国沙漠化土地的分布（1989年）

地区	总面积	正在发展中的沙漠化土地	强烈发展中的沙漠化土地	严重沙漠化土地
呼伦贝尔	3799	3481	275	43
嫩江下游	3564	3286	278	
吉林西部	3374	3225	149	
兴安岭东侧(兴安盟)	2335	2275	60	
科尔沁(哲里木盟)	21567	16587	3805	1175
辽宁西北	1200	1088	112	
西拉木伦河上游	7475	3975	1875	1625
围场、丰宁北部	1164	782	382	
张家口以北坝上	5965	5917	48	
锡林郭勒及察哈尔草原	16862	8587	7200	1075
后山地区(乌兰察布盟)	3867	3837	30	
前山地区(乌兰察布盟)	784	256	320	208
晋西北	52	52		
陕北	21686	8912	4590	8184
鄂尔多斯	22320	8088	5384	8848
后套及乌兰布和北部	2432	512	912	1008
狼山以北	2174	414	1424	336
宁夏中部及东南	7686	3262	3289	1136
贺兰山西麓山前平原	1888	632	1256	
腾格里沙漠南缘	640		640	
弱水下游	3480	344	2848	288
阿拉善中部	2600	392	2208	
河西走廊绿洲边缘	4656	560	2272	1824
柴达木盆地山前平原	4400	1136	1824	1440
古尔班通古特沙漠边缘	6248	952	5296	
塔克拉玛干沙漠边缘	24223	2408	14200	7615
合计	176442	80960	60677	34805

知识链接 ✓

中国潜在沙漠化土地分布（1989年）

地区	面积
呼伦贝尔	4260
嫩江下游	1501
吉林西部	4512
科尔沁草原	5440
西拉木伦河上游	7793
河北坝上	5536
锡林郭勒草原	47687
乌兰察布盟后山	4028
乌兰察布草原北部及狼山以北	19200
晋西北及陕北	5840
鄂尔多斯中西部	10720
宁夏东南部	2560
阿拉善地区	17865
河西走廊	2036
柴达木盆地	3520
塔里木盆地	12690
准噶尔盆地	2806
合　计	158000

知识链接 ✓

注：上述数据单位均为平方千米；空白表示数据缺失。

由以上两表可以看出，从土地沙漠化的发展程度来看，我国的沙漠化土地可分为两大类：一是已经沙漠化的土地，占沙漠化土地的52.7%；二是潜在的沙漠化土地，占沙漠化土地的47.3%。在已经沙漠化的土地中，严重沙漠化土地占19.3%，强烈发展中的沙漠化土地占34.7%，正在发展中的沙漠化土地占46.0%。

上述统计数字表明，强烈发展中的沙漠化土地和正在发展中的沙漠化土地占有很大的比例，总计占80.7%。这两种类型的沙漠化土地主要分布在毛乌素、浑善达克、科尔沁、呼伦贝尔等沙地及其周围的草场、旱田。因此，上述地区是我国土地沙漠化防治的重点地区。

中国荒漠化形成的原因

如果读者朋友们在前文多加留意的话，你也许已经发现，本书不止一次提到了有关荒漠化形成原因的问题。需要说明的是，在这里我们只是从一般意义上去考虑荒漠化的形成原因，也就是说，无论是哪一个地方的荒漠化，我们都可以把它的形成原因归结为两大因素。

1. 荒漠化的形成离不开自然因素的影响。这里的自然因素实际上大多指一个地区特有的干旱少雨多风的气候环境，当然也包括一些特殊的地质地形条件。自然条件往往是荒漠化形成的最主要因素，起决定性作用。

2. 任何一个地方的荒漠化形成都和人类活动有紧密联系。在这里，我们所说的人类活动是指那些不合理的、违背自然规律的行为，包括前文常提的乱砍滥伐、毁林开荒、滥采乱挖、水资源利用不合理等。在自然条件起决定性作用的基础上，人为活动往往会加剧某个地方的荒漠化趋势。

为了让大家对荒漠化的成因有更直接的感受，接下来，我们以某一个地方的荒漠化作为案例，一起详细分析它的形成原因，看看人类的活动到底会对自然产生多大的影响。

实际上，在前文中谈到我国四大沙地的时候，本书已经间接地介绍了很多有关它们的形成原因，为了避免不必要的重复，我们在这里选择内蒙古自治区草原退化转而面临荒漠化威胁的案例。在下面的分析中，气候因素就不再多谈，因为它是一个客观的不可排除的因素，我们主要来看看这里的人类活动。

你是不是已经想到了"乱砍滥伐"、"过度放牧"这些行为。在内蒙古草原到底发生了什么事情呢？一起去看看吧。

这个案例的主角，是一种能固氮的光合原核生物，它有一个很喜庆的名字，叫做发菜。

发菜长什么样子呢？它的颜色乌黑，形状就像是散乱的头发，所以才有了"发菜"这个名字，也有人叫它"地毛"。发菜主要分布在干旱的荒漠草原，在宁夏、甘肃、内蒙古、新疆、青海、河北等省区分布较多，一般都生长在荒漠植物的下面。

为什么看起来平凡的发菜会受到人们特别的关注呢？

一方面是因为发菜有一定的药用价值，更多的是由于发菜与"发财"谐音，迎合了人们图吉利的心理，所以成为南粤传统吉利菜肴。

在我国历史上，发菜很早就被当成食物食用，并且自唐宋起远销东南亚各国，到现在，发菜仍然是重要的出口商品。

正是因为具有一定的经济价值，反而给发菜甚至是它的生长地带来了灾难。每年都有大批宁夏等地的农民涌入内蒙古草原挖发菜，涉及的草原面积达2.2亿亩。

这种行为的确带来了一定的经济效益，但是同时带来了更严重的生态环境问题。为什么呢？

因为发菜只生长在容易沙化的地区，而且它的卷须经常和固定土壤的植被根茎缠绕在一起。人们在挖发菜时往往不是一根根地拔发菜，而是把视线内的一切植物连根拔起。这样一下子就会带起比碗口还要大的成团成块土壤，造成了土地松软。当风力加强时，沙土就随风飞扬形成沙尘暴，使土地荒漠化。

在哪里生长本来只是植物的一个生活习性，不仅不会危害环境，甚至还存在有利的一面。可以说，发菜喜欢生长在易沙化地区，是大自然神奇安排的一部分。它有一个神奇的本领，可以将空气中的氮气还原为氨，合成氨基酸。这对于荒漠土壤的改良和其他生物的繁衍具有重大意义，所以发菜被誉为"开发荒漠的先锋"。

但是人类为了追求一时的经济收益，完全不顾带来的严重生态环境问题，对发菜进行掠夺性的挖掘采收。每年在西北和华北各地挖发菜，已严重破坏了当地的生态环境，造成了严重的后果。从上世纪80年代初至今，我国北方草原地区因滥挖发菜，导致草原植被受

▲宁夏中部干旱山区挖发菜的农妇

到大面积的破坏，原本十分脆弱的生态环境进一步恶化，加速了草原沙化和一些珍稀物种的灭绝。根据国家环保总局的有关调查，每年因为滥挖发菜，内蒙古有1.9亿亩草场遭到严重破坏，约占内蒙古可利用草原面积的18%，其中，有0.6亿亩草场被完全破坏，已基本沙化。由此带来的草原风灾和旱灾程度加重、沙尘暴加剧，对黄河中上游地区乃至国家的环境安全都产生严重的负面影响。

其实如果我们能有更长远、更全面的目光，挖发菜绝对是一种得不偿失的行为。

▲20世纪90年代时的发菜市场

我们可以一起来算一笔账：每产出1.5~2.5两发菜，需要挖10亩草场，这些发菜的收入只有40~50元。也就是说，不到50元的发菜收入，却以破坏10亩草场为代价，而且这种收入只是一时的，草场却会因此至少失去10年的效益。其中的利害，明眼人一看就懂。

为此，国务院于2000年6月14日下达文件《国务院关于禁止采集和销售发菜制止滥挖甘草和麻黄草有关问题的通知》，倡议"口下留情，造福子孙"！

荒漠化作为一种自然现象，虽然不可避免，却也只是局部现象，并不需要特别担心。但是，今日世界各地发生的荒漠化成为一种严重的灾害，多数要归咎于人为原因。尤其是20世纪下半叶以来，人口急速增长，经济快速发展，对环境的压力空前加大，人类不合理地向大自然索取，破坏了自然生态、原生植被和土壤结构，给了荒漠化到处肆虐作恶的机会。

最后，我们要提醒的是，在讨论人类不合理经济活动时，不能一概而论，应当具体分析，这种活动超出了怎样的一个"度"，会带来怎样的具体影响。此外，我们也可以为它出谋划策，想想如何避免这类问题的发生，如何去化解矛盾……这样，我们考虑问题就会全面细致得多了。

下面的内容，该轮到荒漠化的危害了。

中国荒漠化的危害

总体上说，荒漠化给人类带来了三大危害，一是生态环境问题，二是巨大的经济代价，最后是一系列自然灾害。

◆生态环境问题

荒漠化使生态环境退化，原有的生态平衡紊乱，引发一系列连锁反应，植被减少，生物多样性缺失，地貌改变，土质恶化……每一个因素受到其他因素的影响，又反过来影响其他因素，最终构成了愈演愈烈的恶性循环。

这样的例子屡见不鲜。

20世纪50年代，内蒙古浑善达克沙地还是一片绿洲，被称为"沙漠花园"。60年代以来，土地退化和沙化现象逐步加剧，到90年代，这里沙漠化土地平均每年扩展103平方千米。如果说90年代前这里的沙漠化土地还只是呈零星分布状态，那么90年代后许多已经相连成片，并以每年143平方千米的速度大口大口地吞噬着土地。

内蒙古阿拉善盟历史上曾是水草丰美的天然牧场，享有"居延大粮仓"的盛誉。20世纪60年代以来，由于上游地区大量使用黑河水资源，进入绿洲的水量由9亿立方米减少到不足2亿立方米。水量锐减使东、西居延海干枯，几百处湖泊消失，93万公顷天然林枯死。目前阿拉善盟85％的土地已经沙化，而额济纳绿洲正以每年1 300多公顷的速度急剧萎缩。

▲北京的沙尘暴天气

◆经济代价

经济代价一方面体现在荒漠化侵占土地和农田，使得农业等人类经济活动深受损失。另一方面，如果考虑到治理荒漠化要付出的时间、金钱和努力，那真是一个无法衡量的巨大代价。

新疆塔里木河流域由于上游地区长期大量开荒造田，河流下游350千米的河道已经断流。胡杨林面积因此大量减少，从20世纪50年代的52万公顷减至90年代的28万公顷，阻隔塔克拉玛干沙漠和库姆塔格沙漠的"绿色走廊"逐渐消失，罗布泊、台特马湖已经干枯沦为沙漠，218国道和塔里木油田也因此面临严重威胁。从绿草到黄土，从清流到沙的，这不过是数十年间发生的事，但相反地，如果想要时间倒流，绿色再现，泉水再涌，那或许就不是一

▲阿拉善地区枯死的胡杨

代或两代人可以完成的事业了。

　　◆自然灾害

　　最后不能不提的是荒漠化带来的一系列自然灾害，这种灾害绝不仅仅发生在荒漠化的某一块土地上，而是会在更大的范围内对人们正常的生产生活产生危害。

　　这其中最具有代表性的就是沙尘暴了。这大概也是北方人感受最深的一项自然灾害。我们就在这里以沙尘暴为例，说一说荒漠化带来的自然灾害。

　　首先我们需要了解一下有关沙尘暴的相关知识，虽然大家都在新闻中听到过这个自然灾害，或者是曾经亲身经历过，但沙尘暴的定义到底是什么呢？

　　沙尘暴天气属于沙尘天气过程的一个组成部分。沙尘天气可以分为浮尘、扬沙、沙尘暴和强沙尘暴四类天气过程。第一种浮尘指的是尘土和细沙均匀地浮游在空中，使水平能见度小于10千米的天气现象。扬沙，顾名思义，就是风将地面的尘沙吹起，使空气相当混浊，水平能见度在1千米~10千

▲沙尘暴来袭

米以内的天气现象。如果大风非常强劲，使能见度小于1千米，那我们就可以说发生了沙尘暴。如果大风狂吹尘沙，空气已经浑浊不堪，水平能见度只有500米不到，那这就是发生了强沙尘暴。当沙尘暴达到最大强度，也就是瞬时最大风速≥25米每秒，能见度≤50米时，我们就说发生了特强沙尘暴，俗话叫黑风暴。

再对沙尘暴进行更详细地"解剖"的话，它可以拆为"沙暴"和"尘暴"。沙暴是指大风把大量沙粒吹入近地层所形成的挟沙风暴，尘暴则是指大风把大量尘埃及其他细粒物质卷入高空所形成的尘暴。之所以会出现区别，是因为沙子粒径较大，不易形成悬浮移动，也就无法长距离输移，而如果风持续时间长，尘埃能够在高空中漂浮很久，被输送到很远的地方，直至风力减小，浮尘就会降落，该地就会出现降尘天气。这也是距沙尘较远的地区只有降尘而少见扬沙的主要原因。

这样一划分，大家就可以更清楚地看到沙尘暴形成的几个要素了：

一是地面上的沙尘物质，它是形成沙尘暴的物质基础；二是大风，这

▲ 断流的额济纳河

是沙尘暴形成的动力基础，也是沙尘暴能够长距离输送的动力保证；三是不稳定的空气状态，这是重要的局地热力条件，沙尘暴多发生于午后傍晚说明了局地热力条件的重要性；四是干旱的气候环境，沙尘暴多发生于北方的春季，而且降雨后一段时间内不会发生沙尘暴就是很好的证据。

例如在我国西北干旱地区，冬春时节盛行强烈的西北风。同时干旱少雨，地表不但植被稀疏，而且具有由于古地中海抬升形成的大量松软的沙尘堆积，形成了沙尘天气的主要源地。大风、干旱、植被稀疏，这几个因素都同步发生在春季，因此春季就特别容易发生沙尘暴。

沙尘暴可能带来哪些危害呢？

你或许首先想到的是大气污染，空气质量下降，出门看不清楚，很不方便，这的确是一方面，也是最轻微的一个影响。沙尘暴还会造成严重得多的危害：携带细沙粉尘的强风有时会摧毁建筑物和公用设施，甚至造成人畜的伤亡。风所携带的沙流会造成农田、渠道、村舍、铁路、草场等被大量掩埋，尤其是对交通运输造成严重威胁。另外，每次沙尘暴的沙尘源和影响区都会受到不同程度的风蚀危害，风蚀深度可达1厘米~10厘米。

沙尘暴的危害这么广泛这么严重，偏偏我国正是沙尘天气多发的国家之一。回顾我国近几十年来的沙尘暴天气，一幕幕触目惊心。经有关部门统计，20世纪60年代特大沙尘暴在我国发生过8次，70年代发生过13次，80年代发生过14次，而90年代至今已发生过20多次，并且波及的范围越来越广泛，发生的强度越来越厉害，造成的损失越来越严重。这里列举了近几十年来主要的一些实例，读者们可以从中得到更直观的印象。

1993年4月19日至5月8日，甘肃、宁夏、内蒙古等省区相继遭大风和沙尘暴袭击。其中5月5日至6日，一场特大沙尘暴袭击了新疆东部、甘肃河西、宁夏大部、内蒙古西部地区，造成116人死亡或失踪，264人受伤，损失牲畜几万头，农作物受灾面积33.7万公顷，直接经济损失5.4亿元。

1996年5月29日至30日，自1965年以来最严重的强沙尘暴袭掠河西走廊西

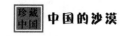

部，黑风骤起，天地闭合，沙尘弥漫，树木轰然倒下，人们呼吸困难，遭受破坏最严重的酒泉地区直接经济损失达2亿多元。

1998年4月5日至21日，自西向东发生了一场席卷我国干旱、半干旱和亚湿润地区的强沙尘暴，内蒙古的中西部、宁夏的西南部、甘肃的河西走廊、陕西、河北和山西西部一带遭受了强沙尘暴的袭击。这次沙尘暴的影响范围之广是以前从来没有的，甚至波及北京、济南、南京、杭州等地。4月16日，飘浮在高空的尘土在京津和长江下游以北地区沉降，形成大面积浮尘天气。其中，北京、济南等地浮尘与降雨云系相遇，于是一场恐怖的"泥雨"从天而降。宁夏银川因为连续下沙子，飞机停飞，人们连呼吸都觉得困难。5月19日凌晨，新疆北部地区突遭狂风袭击，阿拉山口、塔城等风口地区风力达9~10级，狂风刮倒大树，部分地段电力线路被刮断。

2002年3月18日至21日，20世纪90年代以来范围最大、强度最强、影响最严重、持续时间最长的沙尘天气过程袭击了我国北方140多万平方千米的大地，影响人口达1.3亿。

按时间看，沙尘暴发生次数正明显增加。

2006年北京经历了17次沙尘暴。而近一百年来的前30年~40年中，平均30年才发生一次沙尘暴，20世纪60年代至70年代每两年一次沙尘暴，20世纪90年代每年一次沙尘暴，2000年却很快增加到每年12次。

按地区看，一些原本与沙尘暴无缘的地区也开始遭受它的破坏。

2010年3月19日至21日，一次强沙尘暴天气过程先后影响了中国21个省区，沙尘一度蔓延到黄淮、江淮、江南北部等地。更夸张地是，这种影响甚至一直蔓延到了远在南方的香港，当时记录香港多个地区空气污染指数超过400，创历史新高，甚至连海峡对岸的台湾也都受到了影响。

沙尘暴天气真是猛如虎矣！

面对如此严重的自然灾害，我国应当如何应对呢？

归根结底，我们还是要把防沙治沙这一关乎国计民生的大事做好，才可以从根本上扭转被动的局面。

中国荒漠化防治

西方发达国家曾经长时间认为荒漠化问题是非洲的问题、亚洲的问题，是别人的问题。但是在日益全球化的今天，人们比以往更清醒地意识到，生态灾难是全球化的灾难。

因此，没有一个国家在防治荒漠化问题上是"孤岛"，阻止荒漠化是全球化背景下的"一场战争"。中国的防沙治沙工作也应当融入世界防治沙漠化中去，这是最基本的一个准则。

≡ 中国荒漠化防治的主要措施

防治荒漠化是指通过人工措施消除荒漠化危害，重建适于人类生存的生态环境，恢复和发展生产力，实现社会、经济的可持续发展。

治理荒漠化不是喊喊口号就可以做到的，也不是一两个人可以做到的，它是一项浩大的需要科学计划、缜密筹划的事业。现阶段的荒漠化防治需要宣传与治理相结合，还必须纳入到法律文本的框架内，需要集体与个人，中央与地方全体参与。

本书从大的方面进行了总结，将主要的防沙治沙措施分为法律措施、技术措施和工程措施。

根据联合国公约的规定，目前全球许多国家都制定了防止沙漠化行动计划，我国是世界上最早制订行动计划的国家之一，在《中国21世纪议程——中国21世纪人口、环境与发展白皮书》的框架内制定了林业发展计划，将防沙治沙作为一项重要内容。

改革开放以来，我国的法制建设进入了一个崭新阶段，制定了大量与环境保护相关的法律法规，其中与防治沙漠化有关的法律法规就有好几部，如《环境保护法》、《森林法》、《草原法》、《水土保持法》、《中华人民共和国防沙治沙法》等。

防治荒漠化的人工技术措施中，应用最为广泛的是生物措施，它是指通过建立人工植被保护和恢复天然植被，最终达到防止风沙危害，治理和开发利用荒漠化土地的目的。

植被的覆盖可以增加地表粗糙度，降低近地面风速，减少风沙流对地表的吹蚀。而且植被具有自行繁殖和再生能力，通过演替，能够形成适应当地环境的、具有自我调节能力的稳定的生态系统，因而能够长久固定流沙，防止风沙危害，大大减少了养护和管理费用。而且植物生长环境是动物活动的基础，没有植物，动物根本无法活动繁衍。

最后来说一说工程措施。

考虑到沙漠造成的危害，归根结底还在于风沙流的风蚀、搬运、堆积的作用。所以为了防止沙丘的移动，首先想到的就是控制沙丘表面疏松的沙粒不被风蚀吹扬。怎样才能避免沙粒被风吹起呢？可以利用杂草、树枝以及其他材料，在沙丘上插设风障或覆盖在沙面上。凡这一类的措施，都属于工程治理措施。

具体的工程治理措施因材而异，种类繁多。一般有草方格沙障、立式沙障、平铺沙障、卵石固沙、黏土固沙以及沥青乳液固沙等10余种，其中最常

▲草方格沙障

用的是草方格沙障和黏土沙障。

沙区群众往往把沙障都统称为"风墙",草方格沙障就是用麦草、稻草、芦苇等材料,在流动沙丘上扎设成方格状的挡风墙,来削弱风力的侵蚀。草方格沙障设置后,有截留降雨的作用,尤其是对冬季的降雪,更能够控制在原地而不被风吹走。

黏土沙障是在用黏土压沙的基础上发展起来的。最初,人们用黏土全面铺覆在沙丘上,这样做效果十分显著。但是,费用实在太昂贵,而且雨水很难渗到沙丘内,影响沙丘的水分条件。后来,人们在不断的实践中加以改进,将黏土在沙丘上堆成高20厘米~30厘米的土埂,间距1米~2米。土埂的走向与主风向垂直,在多风向的沙漠地区,一般设置成方格状的黏土沙障。

工程措施最大的优点是能够立即奏效,但是由于成本高,费工时,又不能长期保存,所以并不合适大面积地推广,只能在自然条件十分恶劣,而遭受流沙威胁又十分严重的工矿企业、交通运输、城镇居民点等局部地区实施。

▲新疆,沙漠公路旁的固沙植被

工程措施是一种治标不治本的方法，想要彻底解决流沙危害，实现"治本"的效果，还是得结合生物治理措施，恢复植被和生态系统。

中国重点治沙工程

由于我国沙化土地面积大、分布广，自然地理气候条件和沙化成因等差异悬殊，为合理布局建设项目，依据我国沙区地形、地貌、水文、气候、沙化土地现状、目前存在的问题、治理方向的相似性以及地域上相对集中连片等因素，将沙化土地划分为五大类型区和十五个亚区，分别是指干旱沙漠边缘及绿洲类型区、半干旱沙地类型区、高原高寒沙化土地类型区、黄淮海平原半湿润和湿润沙地类型区，以及南方湿润沙地类型区。

我国依据这些分区的各自特点展开了有针对性的防沙治沙和水土流失

▲退耕还林

防治工作，在这里本书要向读者们介绍的正是现阶段我国重点治沙的几大工程。

京津风沙源治理工程位于半干旱沙地类型区。这个工程的建设范围西起内蒙古的达茂旗，东至河北的平泉县，南起山西的代县，北至内蒙古的东乌珠穆沁旗，包括北京、天津、河北、山西和内蒙古5个省市，东西横跨近700千米，南北纵跨近600千米，总面积为45.8万平方千米。

在这45.8万平方千米中，有10.2万平方千米是沙化土地，也是治理的主要对象。

这个治理工程于2000年6月启动试点，2001年铺开，2002年全面实施。工程规划建设期长达10年，建设总规模为20.5万平方千米，其中营造林7.57万平方千米，草地治理10.6万平方千米，同时建节水及水利配套设施11.4万处，生态移民18万人。

京津风沙源治理工程将具体治理措施细化，有针对性地分成了七部分：对现有的林草植被采取全面封禁保护，杜绝一切人为破坏行为；对区域内陡坡耕地和粮食产量低而不稳的沙化耕地实行退耕还林还草；在现有荒山荒地上，大力营造防风固沙林带，建立稳固的防风阻沙体系；加快水土流失综合防治步伐，减少入库泥沙；加速转变传统的农牧业生产方式，实行划区轮牧、休牧和舍饲圈养；积极营造农田、牧场防护林网，确保农牧业生产安全；对生态极其恶劣、不具备人居生存条件的地区，实行生态移民，促进生态自然修复。

下面要介绍的是"三北"防护林体系工程，它是我国最有名的生态环境保护和防沙治沙工程，这项工程1978年由国务院批准，一直分阶段进行着，目前还在建设中。

1978年11月25日，国务院决定在我国西北、华北北部、东北西部干旱和风沙危害、水土流失严重地区建设大型防护林工程——"三北"防护林体系，建设带、片、网相结合的"绿色万里长城"。它是我国林业发展史上的一大壮举，开创了我国林业生态工程建设的先河。1989年，邓小平同志为三北防护林体系工程亲笔书写了"绿色长城"的光辉题词。

"三北"防护林工程的规划建设范围极为广泛，东起黑龙江的宾县，西到新疆乌孜别里山口，东西长4 480千米，南北宽560千米~1 460千米，包括西北、华北和东北的13个省，总面积达406.9万平方千米，占全国陆地总面积的42.4%，接近我国的半壁河山！

为什么要在"三北"地区实施防护林工程呢？

在我国历史上，"三北"地区曾是森林茂密、草原肥美的富庶之地。但是后来由于种种人为和自然因素的作用，植被遭到破坏，土地沙漠化十分严重，已经到了不治理不行的地步。我们可以从数据上看到问题的严峻：

这里分布着全国98%的沙漠、戈壁和沙漠化土地，总面积达149万平方千米，从新疆一直延伸到黑龙江，形成了一条万里风沙线。"三北"地区水土流失总面积达55.4万平方千米，特别是在黄土高原，水土流失面积占

▲ "三北"防护林体系

这一地区总面积的90%。大量的泥沙流入黄河，在黄河下游的有些地段河床高出堤外地面3米~5米，成为地上"悬河"。而且大部分地区年均降水量在400毫米以下，形成了"十年九旱，不旱则涝"的气候特点。

由于风沙危害、水土流失和干旱所带来的生态危害越来越重，"三北"地区的经济和社会发展也受到严重制约，每年由于沙尘暴等灾害造成的直接经济损失达45亿多元，各族人民长期处于贫困落后的境地，沙区60％以上的县经济贫困、生态脆弱。这些都构成了对中华民族生存发展的严峻挑战。

所以，大家可以想象，当国务院决定实施这一大型防护林工程的时候，当地的人们是多么高兴，大家都热烈响应和积极拥护。这一消息甚至

知识链接 ⓥ

世界四大造林工程

大区域、长时期的造林工程是迄今为止人类改变自然生态最为强烈的活动之一。造林工程本质上是人类试图通过对以植被为主的自然生态进行引导、经营和保育，以达到预期目的的工程方式。

国际大型造林生态工程始于1934年的美国"罗斯福工程"。20世纪以来，很多国家都开始关注生态建设，先后实施了一批规模和投入巨大的林业生态工程，美国"罗斯福工程"就是其中一个。其中影响较大的，还有前苏联的"斯大林改造大自然计划"，加拿大的"绿色计划"，日本的"治山计划"，北非5国的"绿色坝工程"，法国的"林业生态工程"，菲律宾的"全国植树造林计划"，印度的"社会林业计划"，韩国的"治山绿化计划"，尼泊尔的"喜马拉雅山南麓高原生态恢复工程"等。

而美国的"罗斯福工程"，苏联的"斯大林改造大自然计划"，北非5国的"绿色坝工程"，再加上中国的"三北"防护林工程，合起来被称为世界四大造林工程。

在1934年之前，美国的过度放牧和开垦造成了大量土地沙化，黑风暴频频爆发，带来严重的生态问题。就在这一年，罗斯福宣布实施"大草原各州林业工程"，也就是我们常说的"罗斯福工程"，这个名字或许是因为罗斯福自始至终主持了这项工程的决策、规划和实施。

这项工程是美国林业史上最大的工程。有多大呢？

"罗斯福工程"纵贯美国中部，跨6个州，南北长约1 851千米，东西

宽160千米，建设范围约1 851.5万公顷，规划用8年时间造林30万公顷。这样的工程规模在当时震惊世界，美国政府为此投入了大量的人力、物力和财力，到1942年，共植树2.17亿株。

此后，由于经费紧张等原因，大规模造林暂时终止，但仍保持了一定的造林速度，到20世纪80年代，人工营造的防护林带总长度16万千米，面积65万公顷。

"罗斯福工程"的实施带来了切切实实的效果，从此以后，黑风暴在美国彻底消失了！这一工程在国际上产生了巨大影响，极大刺激了世界各国通过造林来治理生态的积极性。如今大半个世纪过去了，这一曾举世瞩目的林业项目在美国林业领域仍影响深远。

斯大林在1948年提出了"斯大林改造大自然计划"，是因为前苏联欧洲部分的草原地带由于过度开垦和乱砍滥伐使自然灾害频发。这个以营造防护林带为主框架的宏伟措施规定：在苏联欧洲部分的南部以及东南部的分水岭和河流两岸，营造大型的国家防护林带系统；在农场和集体农庄的田间营造防护林，绿化固定沙地。计划用17年时间，营造各种防护林570万公顷，营造8条总长5320千米的大型国家防护林带。

如果按照斯大林的计划落实，这项工程的规模会超过了美国的"罗斯福工程"。1949年—1953年，该工程营建防护林287万公顷，取得了不错的效果。但是，1954年后前苏联逐渐终止了营造计划，到20世纪60年代末，保存下来的防护林面积只有当初造林面积的2%。苏联哈萨克、高加索、西伯利亚、伏尔加河沿岸等地区依旧沙尘暴频仍，并同时发生含盐尘的风暴。

1970年，为防止撒哈拉沙漠的不断北侵，以阿尔及利亚为主体的北非5国决定用20年的时间，在东西长1500千米，南北宽20千米~40千米的范围内营造各种防护林300万公顷。

这个工程的基本内容是通过造林种草，建设一条横贯北非国家的绿色植物带，以阻止撒哈拉沙漠的进一步扩展或土地沙漠化。

到20世纪80年代中期，这项工程已经植树70多亿株，面积达35万多公顷。后来，北非5国进一步加快造林速度，到1990年，已营造人工林60万公顷。

但是，由于没有弄清当地的水资源状况和环境承载力，盲目地用集约化方式搞高强度的生态建设，实际效果远没有数字显示的那么乐观。这项工程是四大造林工程里面争议最大的一项，甚至有些学者将北非5国的"绿色坝工程"比作"纸上的防护林"。因为平均每年造林的成本是1亿美元，沙漠却依然在向北扩展，甚至该工程现在每年损失的林地超过造林面积。

在国际社会引起了强烈反响，英国《泰晤士报》称赞这一规划构想宏伟，将成为人类历史上征服自然的壮举！

现在，伴随着我国的改革开放，"三北"防护林体系工程已走过30多年的历程，取得了举世瞩目的成就。到1998年底，累计造林3亿多亩，使得"三北"地区的森林覆盖率从5.05%提高到9%以上。

"三北"防护林体系工程是一项功在当代、利在千秋的宏伟工程，不仅是中国生态环境建设的重大工程，也是全球生态环境建设的重要组成部分。

从产生的效益来看，"三北"防护林体系工程经过30多年的建设，重点治理区的环境质量有了较大改善，产生了巨大的生态效益、经济效益和社会效益。一是有效遏制了风沙危害，改善了生态环境，为农业发展提供了保障；二是培育了森林资源，为林业产业发展奠定了基础；三是促进了农村产业结构调整，为农民增收培育了新的经济增长点，加快了落后地区和贫困地区经济的发展和人民生活水平的提高；四是加快了城乡绿化进程，各地把农田防护林建设同村庄绿化、美化以及小城镇建设有机结合，促进了农村人居环境的改善和人与自然的和谐相处。

接下去要介绍的是退耕还林工程，这项工程覆盖上述所有五大类型区。

1999年，四川、陕西、甘肃3省率先开展了退耕还林试点，由此揭开了我国退耕还林的序幕。

2002年1月10日，国务院西部开发办公室召开退耕还林工作电视电话会议，确定全面启动退耕还林工程。同年4月11日，国务院发出《关于进一步完善退耕还林政策措施的若干意见》。这一政策的核心内容是：在适宜退耕还林的地区，农民可自愿把不宜耕种的坡耕地转变为林地草地，政府按统一标准向退耕户无偿提供粮食和现金补助，以及用于造林的种苗和补助。2002年12月6日，国务院常务会议通过《退耕还林条例》，标志着退耕还林从此步入了法制化管理轨道。

这项浩大的生态工程在全国24个省、直辖市、自治区的1580个县全面启动。工程完成后，长江上游、黄河中上游等地区75%的坡耕地和46%的沙化耕地将被林草覆盖，这些地区的生态环境有望得到明显改善。

≡ 我们能做什么？

谈及这个话题也许离我们很近，或者又很远。因为只有切身感受到沙漠化危害的时候才最有发言权。

一路走来，我们看到过沙漠里的好风景，看到过沙漠里形形色色的神奇，领略过许多绚丽的沙漠风情，同时我们也因为沙漠化的肆虐而感慨万千……

这就是我们一路走来的心情，有节奏地在变化着。终于到了这最后的时刻，或许是该盘点一下心情，做一下总结了。

当我们为生活在这个富有活力的地球上而骄傲时，可曾想过有一天我们也许会失去地球母亲的呵护与疼爱？不如乘我们还有意识还有思维，来为这已经为我们人类呕尽心血的母亲做点什么吧。

▲环境保护，人人有责

其实写到这里的时候，笔者的脑海里突然想到了很多，在中国治沙防沙的历史中，我们岂能忽略了那些付出过的人呢？

这一刻，不要忘记宁夏那位带着"让沙漠变成绿洲"这一美好愿景并为之奋斗25载春秋的白春兰带给我们的感动；这一刻，不要忘

▲参加植树造林活动

记以北京首创集团董事长刘晓光为首的87名中国企业家，在中国内蒙古的阿拉善盟发表了《阿拉善宣言》，成立"阿拉善SEE生态协会"时那份沉甸甸的责任……

还有很多很多的人和事，在为我国的防沙治沙事业默默地付出着，甚至我们都不知道他们在哪儿，可是他们为中国的荒漠化防治事业奉献了一片真情。

是啊，我们需要怀着一份憧憬的心情去看待这些人、这些事。可是，沙

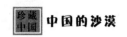

漠化离我们真的很远吗?

答案是否定的。

在今天,人类与自然的关系应当是和谐相处、协调统一。在这样的大背景下,我们每个人都应当为环境保护做出一份贡献。在中国的荒漠化防治中,我们应该做些什么呢?

环保事无大小,于小处点滴积累,人人付诸行动,自然将会更加美好。"勿以善小而不为,勿以恶小而为之"是值得我们时常警醒的!

这里是一些小小的倡议,请读者们对照着也好检视一下自己的日常行为,一切都是为了我们国家有更好的环境。

——尽可能地少用或是不用一次性的木筷。

——纸张双面用,废纸回收再利用,使用再生纸。

——少吃或不吃内蒙古、甘肃、宁夏等地的羊肉。

——不吃发菜。

——不服用单味的甘草制剂。

——改掉用木炭的陋习,不吃街头烧烤肉串。

——纸巾方便代价高昂,倡议捡起丢掉的手帕。

——不买、不穿羊绒衫。

——节约用水,不浪费水资源。

——参加植树造林活动,为大地增添一抹绿色。

——不购买、品尝野生动物,劝亲友不要到野外捕捉野生动物。

——减少二氧化碳排放,避免地球温室效应加剧。

——经常参加沙漠化防治的公益宣传活动。

……

总而言之,防治荒漠化是一个艰巨而又复杂的长期过程,需要全社会的共同努力,其中最关键的是,我们要树立保护生态、防沙治沙的意识。

让我们为了他人、也为了自己,多种一棵树,多植一片草,治理一片沙、一条河,让绿色在我们生活中越来越多,不断壮大!